GUIDELINES FOR SOFT LOADING

软装实战指南

（第二版）

吴宗敏　著

华中科技大学出版社
http://www.hustp.com
中国·武汉

广州大学美术与设计学院
党委书记兼副院长

俗语有曰"三分人样七分装"，可见装扮对于个人样貌与气质是何等之重要；倘若把这句话用于室内设计，可以说为"三分硬装七分软装"。近年来，"轻装修、重装饰"的思潮深入人心，室内软装饰逐渐成为室内设计行业关注的热点。

室内软装饰是一门营造的艺术。任何软装饰作品不仅是空间装饰的物质基础和载体，也是空间设计师"用心良苦"的营造之作，每一个环节都需要用心设计、实践制作、现场实施，任何一次尝试都需要有锲而不舍的精神。

尽管室内空间软装饰的表现形式各式各样，不尽相同，但它们的基本出发点却是人们对生活形态的美好追求，也是设计师对室内空间营造的认知过程与构建审美方式的表达形式。因此，在软装艺术的发展当中，如何在特定的空间设计突破空间、材料、种类等的限制下，追求符合现代人的审美特征和空间文化内涵的特定气质，尤为重要。也许只有这样，软装饰才能不冒失、不浮躁、不凝固、不倒退，真正发挥出其美化空间环境，丰富人们精神生活的作用。

室内软装饰也是一门因地制宜的艺术。所谓"因地制宜"，它不可能千人一面，概念化；也不可能"漫天瞎想"，"纸上谈兵"，不顾实际，甚至铺张浪费。软装设计的艺术观念应源于现实，受现实条件所限，是"戴着脚镣跳舞"的艺术。在环顾现实与周遭的环境条件前提下，室内空间设计师会尽量对空间矛盾作出自我的理解与定位，其影响不仅贯穿于设计环节中的细枝末节，更会在对室内主题空间文化内涵与气质的创造中体现出来。对于软装设计而言，空间、技术、艺术、市场、观念、自我和社会价值同样重要。更进一步讲，软装饰随着人类追求审美愉悦这一自然倾向，成为实现室内环境从基本功能需求向主题化、舒适化、个性化的延伸的重要途径。因为软装饰艺术可以在营造空间形态、材质、功能的前提下，体现出不同文化符号和信息传递的文化体系和精神体系，在人们期盼完善室内生活功能的同时，更具有个性营造能力的创新设计行为。

本书以《软装实战指南》为名初版，其由来主要是总结软装实战方面的理论与案例经验。该书出版发行后，受到了众多软装饰设计师、软装施工人员、室内设计专业在校学生，以及不少软装设计爱好者的欢迎。鉴于此，现该书再版，是在原有架构、体例的基础上增加了笔者近年来主持设计的相关实战案例，旨在与时俱进，以新鲜出炉的内容来充实和增色室内软装饰设计领域。

中国人向来崇尚"不常不断，延绵无尽"的生命流动性，在流动中创造，也在流动中生生常新。该书能得以再版，寄望于生生常新，能在推陈出新的基础上，陶冶和美化更多读者的眼睛与心灵！

在本书付梓出版之际，在此感谢我的研究生团队和集美山田组设计机构，并感谢为此书提供精美设计案例的国内外优秀设计师们，是他们的专业与睿智，我们才能欣赏到如此多的佳作！

CONTENTS
目录

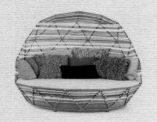

第一章
CHAPTER 1

软装是什么

第一章
软装是什么

在现代生活中，随着人们审美追求的不断提高，软装逐渐从基本功能需要向舒适化、个性化、人性化不断延伸。软装在满足室内空间形态、材质种类、功能需求的前提下，越来越重视不同文化符号的体现。

软装设计师不仅要营造舒适的室内空间，更要注重室内空间独特文化氛围的营造，这也给设计师们提出了一个新的难题。

首先，软装已经开始实现对生活空间的个性化设计。近几年，由国家相关部门倡导，借鉴发达国家对住宅公寓建设与设计的经验，我国许多地区开始实施对商品房统一精装修的策略。商品房的室内环境设计逐渐标准化，材料采购经济化、菜单式的设计无法得到所有居住者的一致认同。因此，消费者会选择在功能性装修的基础上，借助软装来提高室内空间品质与艺术表现力。

其次，软装是一项让设计师充分展示设计创意的活动。由于我国室内装饰品加工企业的兴起，软装材料市场迅速成长，设计师充分利用陈设艺术品风格鲜明、经济快捷、易于更换等优点，使得室内设计风格少了些许工业文明带来的刻板，多了一些温馨和谐的生活情调。

同时，从生态环境的角度出发，软装是实现生态设计的最佳途径。设计师重视室内空间的物理因素对人体感受的影响，如家具、陈设品的人体工学特征，室内空气质量，室内照明条件，室内防噪性能，室内温度等的协同作用，并通过软装，科学选用符合室内装修风格的绿色环保软装饰品，达到节约资源与环境保护的效果。

综上所述，陈设艺术设计的审美体验，来自软装所蕴含的科学性、艺术性和功能性，三者合一，成为营造室内空间文化氛围的重要内容。

上海万科翡翠别墅，设计公司：LSDCASA
家具的样式、墙画的装饰，将拜占庭时期的教堂拱窗、铜灯和繁杂蜿蜒的建筑线条等元素运用其中，突破风格局限，构筑新的意识形态审美。

1.1 软装的定义

软装，是指在商业空间与居住空间中所有可移动的元素，也可称为软装修、软装饰。软装艺术是一门综合性的艺术，要对整个空间进行总体把握和设计，由一个总的设计思路和主题来给予空间以生命力。在充分展现空间形态、材质、功能、色彩的同时，展现出独有的人文精神和审美体验，这才是软装的独特魅力所在。设计师不能简单地将软装视为安排家具或选择窗帘的行为，因为软装是建筑内部的文化符号，是一种情感表达的形式，它的实施，不仅实现了在室内设计过程中以生理需求为基本内容的生活要素，更包含了以精神品质、视觉感受为基本领域的精神要素，设计师可以通过软装将室内空间营造成富有个性情感的空间。

酒店一角：尺度夸张的灯具，清新柔和的色彩搭配，构成一个童话般的休憩空间。

1.2 软装的范畴

软装是室内内含物中能体现某种文化符号和信息的众多元素所组成的体系，它通过视觉媒介符号来传递空间的精神品质和生活内涵，营造了室内空间的艺术性和个性。

软装包含物质方面和精神方面两个范畴：

其一，软装创造了舒适、健康、安全、便利的生活环境；其二，软装充分利用陈设艺术品的特性，实现"物与人的对话"，通过不同陈设品所具有的肌理、材质、触觉、色彩等元素，获得审美体验。

项目名称：益田集团别墅260户型
设计公司：戴维斯室内装饰设计（深圳）有限公司

1.3 软装的地位

软装是室内空间环境设计中不可或缺的一部分，有着不可替代的作用。它之所以受到人们的关注，是因为它可以使室内环境显得更舒适、更愉快。康德在《判断力批判》中提到："趣味的基本前提并不是让我们的感觉得到满足，而是以什么形式让人们愉悦。"不同时代的文化思潮和地域生态，使设计师的创意和思想发展成为不同风格、不同内容的软装装饰形式。随着人们对精神生活要求的提高，为了营造理想的室内环境，创作更多的审美愉悦，软装发挥着越来越大的作用。

绿城·桃李春风样板房，设计公司：紫香舸
茶室设计隐而不宣，草质茶帘、古朴茶盏、水墨屏风、虬枝鸟笼，宁静清雅之中蕴涵无尽禅意，为人们营造出"移天缩地于雅室，茶香花香自在品"的至美境界。

1.4 软装的作用

室内空间环境的主体是人，软装的根本出发点来源于使用者的政治文化背景、社会地位、心理需求等，运用软装的形式特性可以赋予室内空间不同的象征意义与丰富的文化内涵。

人们追求悠闲舒适的室内空间环境，通过植物、织物、家具、灯具、光线、餐具、日用品的介入，展示了室内空间使用者的性格特点和文化内涵。

其次，通过软装可以充分展现室内空间的不同风格特征，并符合时代的潮流。所以说，利用不同软装能呈现出不同的性格特点和文化内涵，使得单调、枯燥、静态的空间环境变得丰富、充满情趣，从而满足不同人群的需求。

绿城·桃李春风样板房，设计公司：紫香舸
美好的事物，无需堆叠，一尊佛像、几笔书法，融心于境，人的心灵便自然归于宁静，归于本真。

绿城·桃李春风样板房 C2户型

设计公司：紫香舸

摄影师：啊光

庭院是中式空间的精髓之一，有了一处院落、几朵娇柔、几抹新绿，居所才有了无限生机，才滋润出中国人最熟悉的生活气质。正如南北朝时期著名的文学家庚信在《小园赋》所吟咏的，这是一种"鸟多闲暇，花随四时"的小院生活。一个庭院，即使不过容膝之地，也能与天地相接，呈现生活的本真。

深庭闲院，一砖一瓦、一墙一垣、一门一窗，皆渗透出传统中国文化精髓的魅力，让居者的心灵与院落的风韵融洽相契。通透的空间开合，隐秘的庭院布局，遇墙造窗，窗藏于景。恰似天井的中庭和素雅的廊檐，勾勒出东方独有的天际情韵，四水归堂的家宅，风雨连廊下的闲庭信步，走出了这个时代的中国风华。

中式落地门窗、素墙、坡屋顶，宅居再现了传统院落的场景感、亲切感。居室内软装整体材质关系和色彩变化平缓过渡而舒畅，以简洁线条，清雅醒目的配色，勾勒出简中带雅的中式神韵，给人留下干净儒雅、平淡致远的印象。纤细柔软的狼毫蘸取黑色盈润饱满的墨汁，在白色的墙面上笔走龙蛇，挥洒自如，或多或少，或重或轻，或浓或淡，妙不可言。骏马及瓷器花瓶摆设、充满生命希望的罗汉松盆景、现代中式气息浓厚的抱枕，丰富了居室的生活情趣。栅栏似的古朴隔屏，似有若无的边界，让客厅与餐厅之间多了一丝"欲说还休"的意味。禅房/茶室设计隐而不宣，宁静清雅中又涵无尽禅意，为人们营造出"移天缩地于雅室，茶香花香自在品"的至美境界。在这悠远平和的空间中品一盏佳茗，感受茶之岁月，壶里春秋，云卷云舒。闲来无事时，赏玩手中精巧别致的茶具，茶香缭绕，云气袅袅，细啜慢饮，悠悠回味，只觉齿颊留香，清幽扑鼻。然则境由心生，品茶，啜的是一种意境，品的是一份情怀。几枚盈绿，超凡脱俗，风雅了岁月，亦使内心如茶般清淡、超然。

成都 "兰" 私人会馆

设计公司:
ACE谢辉室内定制设计服务机构
主笔设计:谢辉
参与设计:王雨、李曼君、闫沙丽
摄影师:李恒
面积:300 m²

主要材料:石材、艺术涂料、铜、壁画

成都,一处美丽悠然的蜀山之地,一座永远不缺精致多元生活的城市,深厚的蜀国文化与时尚的现代文明相互碰撞,造就了成都女性的真挚、直率、灵秀和包容。本案业主就是这样一位美丽的成都女子,既是三个孩子的母亲,也是一位独立优雅的现代女性。时尚米兰、浪漫巴黎是她时常驻足之地,她就是这样一位热爱生活,集古典与时尚于一身的魅力女性。

成都城南一处高尔夫别墅区内,业主为自己和家人、朋友打造了一隅生活后花园,一处时尚、安静的休闲之所。
业主名字中的"兰"字让设计师联想到古人的一句诗词:
霓裳片片晚妆新,束素亭亭玉殿春。
已向丹霞生浅晕,故将清露作芳尘。
而欧洲设计之都米兰,又是一处优雅、前沿的时尚之地。时装、

咖啡、美酒，闲适的欧洲文化演绎当代高品质生活，玉兰、米兰，看似毫无关联的两个元素却代表了业主的气质，让古典与时尚就这样相遇吧！

会馆入口的地纹有很好的导向和带入感，进入之后顶面的光亮会让我们不自觉的抬头仰望，瞬间会产生一种错乱的感觉，鱼儿在天空自由嬉戏?细看会发现是一个透明的玻璃鱼缸，波光粼粼，光影交错，借助自然光解决了入口光线较弱的问题，也为整个空间增添了灵气之美。

玉兰花瓣丰腴饱满，外形流动柔美，恰似室内婉转的动线，从入口处开始娓娓道来，由结构中柱体改造的壁炉把空间略微分隔，柔美弧线抒发女性内在的柔和气质，而墙面部分铜质线条为比较开畅的室内增添细节脉络，为空间加入少许力量感。

整个会馆的墙面和顶面采用泛着微微珠光的艺术漆，如绸缎般洒满整个空间，细腻温润的质感如珍珠般，轻抚之上毫无冰冷的触感。大面积欧洲宫廷户外墙画混搭中式手绘柜体，而来自葡萄牙的国宝级灯具品牌SERIP，欧洲顶级手工艺术的杰作，以大自然的无限灵感注入灯具中，如丝丝细雨而下，与金丝楠木茶台相映成趣，中西方艺术品的混搭之美跃于眼底，也如一处艺术装置为空间增添时尚空灵之美！

为了不使空间过于清淡而产生距离感和孤独感，设计师为空间设置了足够的背景和小品，让身在其中的宾客有些许包围感。闲谈区、品茶区、棋牌区、红酒区没有实墙阻隔，除棋牌区外身处每个区域均可观览户外大片高尔夫球场，为来访者营造出室内精致，室外开阔的感受。

成都作为休闲之都，不缺少娱乐休闲的方式，现代文明的进程让每个成都人都更加开放包容，成都人永远都有一颗勇敢尝试的心。本案把业主内在气质融入其中，把成都的休闲之气与当代成都人的生活连接起来，用一种艺术与国际化的语言作为外在表达，是对当代成都人的生活方式的引领和完美呈现！

"晨夕目赏白玉兰，暮年老区乃春时"如此精致优雅的会馆必会让三五好友流连忘返，红酒小酌，清茶细品，享生活之美好，留时光之永恒！

第二章
CHAPTER 2

软装包括什么

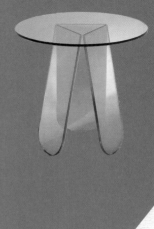

第二章
软装包括什么

软装所涵盖的内容极其丰富，意大利文艺复兴时期的伟大画家米开朗琪罗在西斯廷教堂绘制的《最后的审判》，湛蓝的天空成为室内天花的主导色彩，壁画的色彩不仅消融了建筑墙体的结构，也使室内空间更加庄重、神秘；工业革命时期，英国工艺美术运动的先锋人物威廉·莫里斯为位于英格兰肯特郡的私人住宅"红屋"设计的墙纸，构图丰富，主体纹样或分布于平面之上，或隐藏于背景之中，使室内空间在墙纸营造的氛围中体现出不同的空间深度。在中国传统的建筑装饰中，天花的藻井、长廊的彩绘、家具的纹饰、字画古玩，都具有深刻的精神意义，成为一个地域或一个时代的文化符号。

在新时代，根据不同的属性，软装可以分为以下几类。

葡萄牙佩斯塔纳宫殿酒店客房
空间内，触目所及的彩绘、灯具、壁纸、家具、艺术画作等装饰让身体、精神获得双重满足

2.1 按使用功能分类

软装一般分为装饰性陈设品与功能性陈设品，装饰性陈设指以纯装饰观赏为主的陈设；而功能性陈设指具有一定使用功能并兼具装饰性的陈设。

2.1.1 装饰性陈设

装饰性陈设品的选择与布置取决于一个人的品位、修养、职业特征等，通过摆放来体现其陈设的意义。装饰性陈设品包括雕塑、字画、工艺品、植物、陶瓷摆设等。

以植物装饰为例，将自然景物引入室内空间，意在"一卷代山，一勺代水"，寓无限意境于有限的盆景之中。我国早在东汉墓室的壁画上，就出现了用于家居陈设的盆栽形象。这表明了人类在对室内陈设艺术的追求中，依恋自然，体现出了人与自然界和谐相处的永恒主题。

许多自然景物都成为室内装饰的主要素材，如水石造景。除了植物装饰以外，还有很多其他具有装饰情调的陈设品，如插花艺术品、观赏字画、工艺品、雕塑、陶瓷摆设等。

设计公司：LSDCASA
水墨气韵的油画、瓷器、飞檐摆件，文化艺术精品赋予生活无限情趣。

2.1.2 功能性陈设

功能性陈设品包括家具、灯具、织物、餐具、书籍、玩具等。这一类陈设艺术品都有其自身的使用功能。功能性陈设品若设计得当，造型新颖，能使人们精神愉悦的同时，也具有一定的观赏作用。例如，家具是完善室内空间实用功能的必需品，同时也是陈设艺术中的主要构成部分。它首先具有一定的实用性，而随着时代的进步，家具的艺术性越来越被重视，通过不同的材质、色彩、肌理、造型来设计出具有不同个性的家具陈设。这样的家具除了具有功能性以外还兼具观赏性。

设计公司：Mark Cutler Design
壁炉前的沙发、陈列功能的书架都让舒适生活得心应手。

在室内采光环境设计中，灯具显得尤为重要。在完成照明功能的同时，光源种类的不同也会使室内环境气氛产生变化，增加空间层次，起到增添生活情趣的效果。市场上可供选择的灯具种类繁多，不同造型、不同色彩的灯具所创造的光影效果也是不尽相同的。通过灯具的光影变化，可以营造出室内空间的艺术氛围与生活情调。

深圳湾一号样板房，设计公司：梁志天设计
室内灯光与自然光线的相互配合，构成健康舒适的生活环境

纺织品在室内空间环境中具有独特的功能性。纺织品主要包括地毯、窗帘、台布、床单、靠垫、装饰壁挂等。纺织品所具有的独特材质、肌理、色调、纹样，使其除了具有遮蔽、调节光线、保暖、吸音的功能以外，还给室内空间带来了装饰效果。

华润公园九里，设计公司：LSDCASA
双层窗帘、床帐、床品，材质分工各有不同，整体的和谐搭配，带给人温馨暖怡的居室体验。

2.2 按制作材料分类

材料是用于制作物件的物质基础。随着工业化进程的发展,室内陈设艺术品的材料也逐渐丰富,满足了不同人的喜爱和品位。人对材料的知觉丰富,如光滑、粗糙、坚硬、柔软、温暖、凉爽等。设计师要想合理运用不同的材料,必须具备感受这些材料品质的能力。

比如坚硬的金属材质经过处理,视觉效果会变得柔软,甚至产生流动的感觉;纺织品的柔软质感,会因为图案纹样的变化产生坚硬的效果。设计师如果能恰当利用这种"矛盾",就能使室内空间产生意想不到的效果。

海尚郡墅·锦华别墅,设计师:连自成
铜铸的云朵像一个符号固化了空间的中式格调

2.2.1 金属材料制作的陈设品

金属材料是指由几种金属元素或与某些非金属元素组成的合金总称。金属材料一般分为黑色金属与有色金属两大类。由于黑色金属的基本成分是铁及其合金，亦称铁金属，主要是作房屋、道路、桥梁等建筑工程的施工材料。黑色金属中，只有不锈钢和彩色钢板可作装饰材料使用。有色金属是除铁以外的其他金属，如铜、铅、锌、锡等及其合金，金属材料本身具有较高的硬度，抗变形能力强。设计师可根据不同金属的特性、色彩、加工工艺进行选择，在各种陈设艺术品中显示出独特的视觉效果。

铜，是一种高档的装饰材料，它易于加工成各类实用功能的陈设艺术品。如宗教祭具、壁画、栏杆、把手、门锁、卫生洁具、五金配件等。铜合金装饰制品具有金属感，其色泽光亮，被广泛运用于铜质的把手、门锁、执手。螺旋式楼梯扶手栏杆选用铜质管材，踏步上附有铜质防滑条，浴缸龙头、坐便器开关、淋浴器配件等也采用铜制品。

海珀风华售楼处，设计公司：集艾设计
铜质的镂空花艺、铜质的台灯、新装饰主义的边桌构成了一道亮丽的端景。

不锈钢制品是以普通钢材为基体，添加多种元素或在钢材表面进行涂层处理，铬的含量越高，钢的抗腐蚀性越好。不锈钢被广泛运用于家具的支架或收边、招牌或招牌字、展示架、灯架、浴缸、附属配件等。彩色不锈钢板是在不锈钢板上进行技术性和艺术性的着色处理，使其表面成为具有各种绚丽色彩的不锈钢装饰板，其颜色有蓝、灰、紫、红、青、绿、金黄、橙、茶色等多种。彩色不锈钢板具有抗腐蚀性强、机械性能高、彩色面层经久不褪色、色泽随光照角度不同会产生色调变幻等特点，而且彩色面层能耐180~200℃的高温，耐盐雾腐蚀性能超过一般不锈钢，耐磨性能相当于薄层镀金的性能。

无锡湖滨四季酒店，设计公司：上瑞元筑设计
背景墙上不锈钢、镀铜等多种材质构成的抽象艺术装置让人浮想联翩。

铁艺装饰来源于欧洲，它线条流畅、简洁。欧洲早期铁艺饰品主要以宗教饰品、神台、神灯等为主，后逐渐进入贵族的建筑装饰，其古典的装饰手法于19世纪末传入我国。由于铁艺制作工艺复杂、价格昂贵，因此它很少流行于世。随着中国经济的发展，铁艺装饰艺术走入寻常百姓家。于是，具有复古味道、能满足消费者个性化需求的铁艺，就开始从户外的防盗门、窗外的护栏，逐渐融入家庭内部装饰，如精美的铁艺钟表、铁艺摆件、烛台，甚至铁艺挂画。

美国HVM酒店
端景的铜质雕型形态简约，造型抽象，远看也非常引人注目。

铁铸的圆环由多个铁条拼合而成，像一个取景框，框住对面墙上的火药艺术画作。

2.2.2 木质材料制作的陈设品

木材是我国建筑装饰领域中应用最广泛、历史悠久的材料。木材具有质量轻、强度高、良好的加工性能、较佳的弹性和韧性、绝缘、绝热、吸声的性能。在外观上，木材美丽自然的纹理及独特的质感，是其他材料不可替代的。木材按树叶类型分为针叶树和阔叶树两大类。针叶树种的木材，如松木、杉木、柏木，表面硬度低，不适合用于陈设艺术品的加工。阔叶树有水曲柳、柞木、橡木、榉木、樱桃木、榆木、柚木，以及质地较软的桦木、椴木等。

塞舌尔四季酒店
敞开式的休闲厅内，坐凳、茶几、坐椅、陈列品均为木质材料，给人质朴天然的感觉。

三亚亚龙湾天普会所，设计公司：逸思设计
窗前的卧佛顺着木头的纹理雕刻衣饰，形态生动、天然质朴，与东南亚风格的空间相得益彰。

设计公司：G.S.G 建筑师事务所
这是一座带日式风情的私宅，一尊木制坐佛，庄重慈和，与圆窗外的风景交相辉映。

2.2.3 玻璃材料制作的陈设品

玻璃是一种熔融时形成连续网络结构，冷却过程中黏度逐渐增大并硬化而不结晶的硅酸盐类非金属材料。玻璃装饰材料通常指平板玻璃和由平板玻璃经过深加工后的玻璃制品，其中包括玻璃砖、玻璃马赛克、玻璃镜、压花玻璃、热熔玻璃、镶嵌玻璃、压铸玻璃等。

玻璃具有丰富的表现力，它既可产生视觉的穿透感，也可产生隔离效果；既有晶莹剔透的明亮，也有若隐若现的朦胧；既可营造温馨的气氛，也可产生活泼的创意，是室内陈设中不可或缺的材料。

镜子本身是极好的装饰，镜面也具有扩展空间深度的功用

上海绿地·黄浦滨江售楼处及会所，设计公司：HWCD
玻璃的可塑性非常高，常常运用在空中悬挂的艺术装置的创作上。本案玻璃装置的缤纷色彩与艺术造型的接待台配合得极为完美

梵克雅堡样板房

设计公司：全筑设计

设计师：陆震峰

摄影师：张静

主要材料：天然理石、梦幻金大
理石、罗马米黄大理石、紫罗
红大理石

本案的设计灵感来自洛可可(Rococo)独
有的浪漫浮华情调，亮的白，粉色调，纤
巧的金色或银色的装饰，设计力求体现出
一种更为精致、优雅且具装饰性的特色。
在构图上打破了文艺复兴以来的对称模式
原则，同时采用色调柔和、高明度、低纯
度的粉彩色系。公共区域延续了古典风格
的尊贵与奢华的气氛，运用多种天然大理
石进行装饰。一层以会客及餐饮为主，二
层以会议及商务为主，三层为休息就寝
区，地下室为酒吧、视听、娱乐、SPA等
功能区。本案不但公共区域极尽装饰之
美，主人房的设计也深得洛可可风华气
韵。从彩绘的圆形穹顶，到石膏装饰的墙
身，到地面的花式地毯，深深浅浅的蓝连
接了整个空间，浪漫而唯美，犹如在欧洲
宫廷的城堡。

第三章
CHAPTER 3

软装有什么功能

第三章
软装有什么功能

 3.1 改善室内空间

软装是室内空间中各种装饰物的摆设与陈列。

软装对于室内空间而言，犹如公园里的花草、树木、山石、小溪，是赋予室内空间生机与活力的重要元素。软装以表达一定的思想内涵和文化主题为着眼点，它对室内空间形态的改善、气氛的烘托、环境的渲染起着画龙点睛的作用，是完善室内空间必不可少的内容。

在室内空间中利用家具、织物、绿植、装饰品等陈设创造出的二次空间，不仅使室内空间的使用功能更趋合理，而且使室内空间更富层次感，从而达到改善室内空间形态的效果。

上海滩贰千金餐厅
通过天花上的悬挂装置，以及桌椅的分组，划分出不同的组团，便于客人就餐。

如果室内空间面积有限，屏风、珠帘、植物等可以灵活地将室内空间进行合理地分割。例如，大空间的客厅既作为一个整体的空间存在，同时又是多个部分的构成，如果我们利用屏风，并在适当的地方配以植物进行装饰，这样不仅合理利用了空间，而且又丰富了空间，从而起到改善空间形态的作用。

以屏风分解空间，增强了空间使用的灵活性。

禅香茗谷，设计公司：森雅设计
一条长长的实木大板桌，通过屏风划分成几组，似隔非隔，可分可合，增加了灵活性。

除了利用屏风、绿植对空间形态进行改善以外，利用纺织品陈设可以更加简单巧妙地改善空间形态，从视觉上和心理上划分室内空间。例如，在同一空间内使用质地、色彩、大小不同的地毯形成不同的地面空间领域，如酒店、饭店的门厅，常常会以这种陈设方法分隔出不同功能的空间，这样创造出二次空间，层次更加丰富、功能更加灵活。

马尼拉马卡蒂香格里拉大厅
以地毯划分出中心区域与周边的洽谈会面区域

除了运用家具、植物、织物改善室内空间层次外，合理运用光线、镜子、装饰画等也是有效改善室内空间形态的方法。
方法一：光线的合理运用。光线的合理处理可以在视觉上有效地改善空间的形态，房间光线充足可以扩大视觉空间。

绿地赵巷海珀风华别墅，设计公司：集艾室内设计（上海）有限公司
良好的光线让室内清新明亮，并且获得更丰富的景观角度

方法二：镜子的巧妙使用。例如，把镜子装在面对一扇大窗或门的方向，可以在视觉上使房间有扩大了一倍的感觉，特别是狭长的房间。有的家庭十分讲究风水，因此镜子切勿滥用。

设计公司：无相设计
玄关处的镜子有引景入室和扩大视觉感受的功用。

方法三：装饰画的使用。在光线较好的墙面上布置几张富有立体感的风景画，不但可使室内空间格调高雅，还可增加视野的开阔度，特别是对一些没有窗户或光线昏暗的窄小空间。通过软装对室内空间进行形态改善的时候，室外空间环境也应该充分地被考虑在内。

设计公司：无相设计
壁炉上的装饰画配合该空间英式殖民风格的主题，更具异域风情。

随着现代人生活、学习、工作压力的增加，人们越来越渴望有一个舒适、轻松、自在，独属于自己的自然空间，这就是常被人们忽略的阳台。阳台是住宅空间中与大自然最接近的地方，我们可以通过软装对阳台进行适当的装饰改善。例如，采用可灵活分隔空间的折叠门，当折叠门处于开启状态时，室内外空间便可融为一体。也可以运用绿植、花卉、灯艺、蜡烛等对阳台进行装饰。阳台的装修，能够体现出主人的修养、情趣与格调。

室内空间形态的布置，需要充分考虑到空间的延展性与流动性。因此，室内陈设品的形态大小、造型比例以及家具的尺度应与室内空间环境形成协调的比例关系。例如室内陈设品不宜过大，过大容易使室内空间显得狭小拥挤；也不宜过小，过小则容易造成

室内空间空洞单调。其次，室内陈设要正确处理主体陈设与客体陈设的关系，这样才不会造成空间的杂乱无章，从而达到增强室内空间的层次感、改善室内空间形态的效果。例如，客厅与餐厅的分隔，可以采用带有中国文化内涵的木雕屏风，屏风不宜过大，其大小、色彩、图案都应该恰到好处。通过使用屏风可以使得客厅与餐厅既分又合，不仅使空间达到丰富层次感的效果，又巧妙合理地改善了空间的形态。又如，当主卧的卫生间有较大面积的时候，设计师需要按照使用功能的需求把其分成几个子空间，可以通过地毯、挂帘、小盆景将浴室、洗手间、淋浴间空间独立划分。

作品分享

上海安缦西郊英式样板房
设计公司：
上海无相室内设计工程有限公司

本案以曾经的帝国荣光类比成功人士在事业上的巅峰，以英国在全世界各个殖民地形成的殖民风格为记叙主线，通过室内的空间细节及丰富陈设来精心打造一种典雅庄重，兼具绅士风度的住宅空间。

客厅空间颜色以米色为主，金属与温润雅致的石材整合起来，与咖啡色系的花纹布艺沙发、古典丝织地毯、华丽的波西米亚水晶灯具形成碰撞，俨然呈现欧洲社会的整体美学精神。转入家庭室，一股浓浓的南亚帕米尔高原及印度气息迎面而来，仿佛自己置身于一场宴会之中，异域风情弥漫于室。透过早餐厅的门又被

中国传统特色的手绘真丝墙纸的精致所吸引，真是应了那句"吃在中国"的俗语。不经意间已经来到书房，空间陈设上的狩猎文化，再一次将思绪带到非洲原始森林，仿佛一时间猎枪声四起，鸟惊兽鸣。

最后北美风格的客房给这段穿过历史时光的旅程画上了句号！整体而言风格强调英式贵族气质的融合，彰显出传统英式风格中独有的低调与高雅，让传统素养、严谨的做派在此套住宅中得到了完美的诠释。

3.2 柔化空间形态

随着现代科技的发展，城市越来越多地出现了密集的钢筋混凝土建筑群，冰冷的玻璃幕墙，冷硬的金属材料，都构成了枯燥、沉闷的空间，使人们对空间产生了疏离感和距离感。人们强烈寻求内心深处的释放，更多地渴望悠闲的空间环境。因此，丰富多彩的软装以其多姿的色彩、生动的形态、无限的趣味，给室内空间带来一派生机。不仅柔化了室内空间生硬的线条，赋予室内空间温馨的格调，同时也给人们以情感的慰藉。

青岛龙湖锦璘原著样板间
设计公司：深圳市则灵文化艺术有限公司
本案以森林色系为主调，营造出低调、轻松的经典美式空间氛围。孔雀蓝、鹅黄等色彩的搭配明丽动人，加之鸟语花香的主题配置，令室内一派春光明媚。

将自然景物引入室内，反映出人们依恋自然、热爱自然的情感。植物的自然姿态以及五彩缤纷的色彩使得其与建筑空间单一的几何形体、枯燥的线条形成强烈的对比，利用植物的形与色，活跃室内空间冰冷生硬的氛围，让人们感到亲切和温馨。在室内空间中，一定量的植物陈设所形成的绿色主题空间，间接地将大自然引入室内空间中，让人们置身于自然环境中，享受大自然带来的美好。植物不仅能改善室内环境、净化空气，同时也是用来柔化空间，增添空间情趣的一种手段。一叶一花虽沉默无言，但其充分发挥自身的自然魅力，美化生活空间，增加室内情趣，使空间增添了几分灵气与活力。例如，悬垂类植物置于高台花架、橱柜，其自然垂挂，可使墙面生动起来；在窗台上悬吊绿色植物，能够柔化单调僵硬的建筑线条；色彩斑斓的花卉置于低矮的桌台上可使空间变得浪漫温馨。

明媚的阳光、富有生命力的绿植和房间中各种美丽的大自然色彩完美结合，给整个空间带来愉悦、充满活力的生活氛围。

布艺是家中流动的风景，越来越受到现代家庭的青睐。布艺通常质地柔软，天然纤维棉、毛、麻、丝等织物来源于自然，手感舒适，易于产生温暖感，使人亲近，易于创造富有"人情味"的自然空间。无论是天花悬垂、房梁与灯架的悬垂，均显示出室内纺织品特有的材质功能，它既可以简洁、单纯，又可以有丰富的褶痕与风格各异的色彩，它柔化了室内空间生硬的线条，创造出浓浓的室内文化气息。不论是窗帘、帷幔，还是一款小小的靠垫，都能轻松地赋予居室一种温馨的格调，或清新自然、或典雅华丽、或情调浪漫，极致地发挥了软装的作用。

宽大舒适的经典美式家具选用柔软、自然的棉麻和呢料，配合仿旧处理的水曲柳材料，线条随意而干练，使室内充满了自然、清新、舒适的气息。

通过软装对室内空间进行柔化设计时，室内空间的灯光照明也是一个不能被忽视的重要元素，若没有好的灯光照明设计，是无法把室内环境设计表达出来的，更加不能达到柔化室内空间的效果。例如，客厅是人们主要的活动空间，客厅的照明以适度的明亮为主，在光线的使用上多以黄光为主，更加能够营造出温馨浪漫的效果。

客厅灯光照明设计的小诀窍是灵活多样，并与美学结合，使用主照明和辅助照明的灯光互相搭配，以达到柔化室内空间的效果，营造出温馨愉悦的氛围。

温暖的灯光有柔化室内空间的效果，适度的照明带给人舒适的体验。

昆明中航·云玺大宅
美式风格大宅

设计公司：深圳市则灵文化艺术
有限公司

设计师：罗玉立

摄影师：陈中

面积：567 m²

美式风格受到了美国文化的深刻影响，追求自由的美国人把舒适当作营造居住环境的主要目标。美式家居浪漫自由的生活氛围，让都市人消除了工作的疲惫，忘却了都市的喧闹，拥有了健康的生活与浪漫的人生。这正是在这个高速发展的时代越来越多的客户渴望的生活方式。

室内色彩以蓝色调为基础，在墙面与家具以及陈设品的色彩选择上，多以自然、怀旧和散发着质朴艺术气息的色彩为主。整体朴实、清新素雅、贴近大自然。山水图案的床品搭配柔软布料，使室内充满了自然和艺术的气息。从窗外洒落进来的明媚的阳光，在富有生命力的绿植的点缀下，为整个空间营造愉悦、充满活力的生活氛围。让身处其间的主人，感到自在舒适，满怀生活的愉悦。

平面布局整体大方、轻松优雅，体现出美式风格舒适、不拘小节的特点。功能分区明确，将居住功能与社交功能适度隔离，既保

障主人在居住空间里有良好的私密感受，又重点强调出别墅空间不同于一般公寓空间的社交与娱乐功能，让业主自由享受高端生活的美好。

强调面料的质地，运用手绘的大自然图案的墙纸、斗橱、布艺等饰品为居室营造出独特的自然气息，符合现代人的生活方式和习惯，再加上绿植等自然景物的搭配，使居住的人有轻松、舒适的身心享受和居住体验，以凸显主人追求简约、自然环保的新时代的价值观与人生观。

3.3 烘托室内氛围

室内空间如果没有软装将是多么的枯燥乏味。软装在满足人们日常生活基本需要的同时，还需要符合审美原则，形成一定的氛围。氛围即内部空间环境给人的总体印象。不同的软装可以烘托出不一样的室内环境氛围，形成不一样的室内环境风格。例如，盆景、书法字画与传统样式的家具组合，可创造出一种古朴典雅的艺术人文氛围；质地柔软的布艺纺织陈设可以营造出温馨浪漫的氛围；可爱的卡通漫画形象可使空间产生童话般梦幻的氛围。

设计公司：上海桂睿诗建筑设计有限公司
热带风情主题的布置，让儿童房充满了探险的趣味。

设计公司：上海桂睿诗建筑设计有限公司

软装对室内空间主题的强化、氛围的营造、环境的渲染起重要的烘托作用。从软装的陈设中不仅可以表露出空间的思想文化内涵，也可以从中看出主人的修养、喜好、性格甚至学识。例如，从办公陈设氛围中可以感受到企业的文化、企业的整体形象；从宾馆的不同陈设氛围中可以辨别出它的层次、星级与价格；从餐饮陈设氛围中可以感受到它的主题与餐饮的环境氛围。

设计公司：上海桂睿诗建筑设计有限公司
儿童起居室与卧室的整体设计，功能分区明确，并保证了风格的统一。

设计公司：大阅艺术机构
古董画、孔雀图以及屋角的时装，都是对主人品位偏好的呈现。

再比如，对于中国人来说，春节是人们特别重视的节日，将室内进行装饰以迎接春节的到来，显得尤为重要。如何通过软装对室内空间进行烘托与营造节日的氛围呢？首先可以使用插花。通过插花装扮室内空间，是最简单最有效增加节日气氛、活跃室内空间环境的手段。通常来说，客厅插花一般采用暖色调的大花卉，造型以圆形为宜，营造出主人热情好客的气氛，使其成为视觉的焦点；餐厅插花可选粉色或者橙色的大花朵，少用叶材，尤其应该注意选择一些健康无害的土，需要注意的是花卉的高度以不挡住用餐者视线为准；卧室和书房都是主人最为私密的空间，插花可以以叶材为主，营造静怡、安静的空间氛围。

设计师：邱德光
浓烈的酒红色花艺，与墙上的挂画相呼应，营造出喜庆热烈的餐饮氛围。

其次，室内氛围的烘托也可以选择布艺和纸艺。布艺、纸艺容易加工，色彩丰富，通过他们可以赋予室内空间多变丰富的表情，是节日期间最简单的装饰手法。例如，餐桌可以选择具有节日主题的布艺，窗帘可使用一些喜庆、跳跃的色调，如此缤纷的色彩能给室内空间带来温馨浪漫的节日气氛。

喜庆花艺
浓烈的中国红，带来一派喜气洋洋的氛围。

最后需要提到的是灯艺装饰。为烘托节日气氛，在客厅或餐厅里选用一些家用小霓虹串灯，或者点燃数支造型各异、色彩斑斓的蜡烛，彩灯闪烁，烛光摇曳，在这种幽雅温馨的浪漫氛围中，阖家团圆在一起，品佳肴，饮美酒，互祝新年祝福，将会是别有一番温馨的节日气氛。

美好的灯光设计能强化氛围，本身绝不喧宾夺主。

每一件室内软装的搭配与布置，无论是家具、布艺、灯艺、植物还是工艺品，都必须与该室内空间的整体风格环境相协调，只有这样才能烘托出室内空间的氛围，形成独具一格的主题风格，从而赋予其深刻的思想人文内涵。

3.4 营造室内风格

每个社会，每个时代，对于软装审美都有独特的标准，在特定的文化背景和材料工艺下，室内软装也体现出不同的风格，如简约风格、田园风格、欧式风格、中式风格等。

软装的不同造型、不同色彩、不同质感都体现出不同的风格特征。软装的合理选择与搭配，能够突出和强调室内空间的风格，对室内空间风格的形成具有十分重要的作用。

简约风格：简约风格是一种以简约、实用、经济为显著特点的设计风格。宁静自然、朴实干练的北欧现代生活方式，是简约设计风格的源泉。简约风格合理运用自然材料并突出材料本身的特点，将设计的理性主义与人情味巧妙结合，风格简朴。例如，"宜家"（IKEA）遍布全球的卖场，纽约摩斯（MOSS）家居精品店，丹麦设计师德格伦·雅各布森的经典设计"蚁椅"、汉宁森设计的"PH灯"、埃洛设计的"芬兰西红柿椅"这些设计强调简洁、质朴和自然的装饰风格，反对多余的装饰，注重材料的选择与搭配，喜欢使用最新的材料，尤其是不锈钢、铝塑板、玻璃或合金材料，具有很强的时代感，处处充满现代与时尚的气息。色彩通常采用三原色及黑白灰等无彩色系。这些因素都使得现代家具的设计与制作更加人性化和大众化，因为其追求现代新潮与时尚，并且最贴近现代人的生活方式，因此使得"以人为本"的设计思想深入人心，成为当下年轻人钟爱的风格。

作品分享

永清生态庄园联排别墅
设计公司：
RWD设计师事务所
软装设计：
Ambiance软装设计团队

设计师关照居住者对自由与生活的追求，在设计与生活之间搭建一座桥梁，达到传统生活审美意境与现代生活方式的自由沟通联接，寻求西方形体与东方情韵的相互碰撞融合。

本案中设计师将米白色运用得淋漓尽致，简约干练。流畅的几何线条演变为空间意识形态，勾勒出迷人的空间质感，让人随着或硬朗、或纤细的几何线条感知简约之美，顷刻间征服视线。设计师贯彻全方位解决方案概念（Total Solution），从空间到陈设，整体服务专业化、精细化，考虑了生活的全部及各种素材元素之间的共生，用品质建造惬意舒适的生态居所。

软装陈设的灵感源于生态城概念，软装设计师契合整体空间基调，兼容并蓄，配以精致的装饰和纹样，运用工笔画技艺及浮雕工艺等，将国风雅韵的元素以现代、时尚的西方形体呈现，多材质、多元素、多工艺巧妙并置，在空间发生奇妙的化学反应，塑造出东情西韵并融的特殊美感。

一个以无色系为主的空间中采用点缀色的搭配可以造就一个清新脱俗的空间。本案中柠檬黄的抱枕与一些装饰罐形成一个围合线；孔雀绿的沙发、台灯、摆件又连成一条围合线，这个空间中绿色沙发与孔雀黄靠枕成为两条色彩线的交汇点，是点缀色围合的交互中心。

作品分享

北欧，温暖的小清新

北欧风格以简洁著称于世，并影响到后来的"极简主义""简约主义""后现代"等风格。在20世纪风起云涌的"工业设计"浪潮中，北欧风格的简洁被推到极致。

在建筑室内设计方面，北欧的室内空间很少用纹样和图案来装饰，常常用线条、色块来区分点缀。在家具设计方面，基本不使用雕花、纹饰，而在造型上却多有创新变化。在材质上多用木质、棉麻、不锈钢以及塑料。如果说它们有什么共同点的话，那一定是简洁、直接、功能化且贴近自然。北欧的宁静清新契合了现代年轻人简约、时尚的价值取向。

田园风格：田园风格倡导"回归自然"，崇尚贴近自然、拥抱自然。无论东西方设计，对自然元素的追求一直是设计的重点。芝加哥建筑学派的代表弗兰克·赖特，一生设计了四百多座建筑，根据不同的环境设计亲近自然的有机建筑，"流水别墅"就是他将建筑、室内空间、田园陈设元素完美结合的设计。中国江南私家园林设计，根据室内空间使用功能要求，将大量山、石、水、木引入室内，尽可能选用木、石、藤、竹、织物等天然材料装饰。软装通常使用藤制品、绿色盆栽、瓷器、陶器等摆设，充分体现了主人所追求的一种安逸、舒适的"田园"生活环境和自然朴实的生活气息。现代田园风格的设计，以带有乡村艺术和生活气息的形式元素为表现手段，充分体现出人与自然的密切联系，流露出闲适的生活气息。

> 绿色调的空间、绿叶图案的布艺沙发、藤制的沙发、布艺抱枕，一派清新怡人的田园气息。

田园风格大致可以分为美式田园风格、英式田园风格、法式田园风格、欧式田园风格、中式田园风格等。

美式田园风格以舒适为设计准则，追求软装材质的原始感觉，通过材质本身的粗糙与材质做工的精细形成对比，将室内空间营造出一种处处透着阳光、青草的自然味道。在软装的选择上，常常使用不经雕琢的纯天然木、石、藤、竹、红砖等材质，家具以实用为主，常用松木、橡木等进行装饰，显出陈旧感。而墙纸多以树叶、高尔夫球、赛马等图案为主。粗犷的布艺沙发、咖啡色条格纹的窗帘、纹理清晰的深色木地板营造出一种别具一格的空间格调。

> 美式的田园风格中，从来也掩不去一份对自然野性的天然向往。

英式田园风格是田园风格里颇具代表性的一大类型。其特色在于华美的纺织品装饰，这些纯手工制作的窗帘、桌布等覆盖物，花色秀丽；家具材质多使用松木，色彩以奶白、象牙白等白色为主，其造型优雅，线条细致。

> 英式田园的甜美、温柔总是让人放下心防，放松地享受自然。

法式田园风格最明显的特征是在家具上的洗白处理及配色上的跳跃鲜艳。洗白处理使家具流露出古典的隽永质感，黄色、红色、蓝色的色彩搭配，则反映丰沃、富足的大地景象。

欧式风格：欧式风格以精美的装饰、浓烈的色彩、典雅的造型达到雍容华贵的效果。巴洛克风格、法国古典主义风格、哥特式风格、古罗马风格、古典复兴风格、浪漫主义风格、文艺复兴风格、罗曼风格等，都可定义为欧式风格。其造型繁复，线条纯美，镶嵌细腻，善用夸张的镀金和彩色装饰。图案多为植物、动物和卷草纹饰，配以精致的雕刻，营造出一种华丽、高贵的感觉。装修材料一般采用樱桃木、深色的橡木、枫木或胡桃木等高档实木，家具表面多采用浅浮雕，表现出高贵典雅的贵族气质。

富有古典美感的浪漫罗马地毯、精致的法国壁挂、精美的油画、制作精良的雕塑工艺品，都是点缀欧式风格不可缺少的元素。客厅常采用造型大型、装饰华丽的枝形吊灯，使整个空间看起来富有韵律感且华丽典雅。门窗上半部多做成圆弧形，并用带有花纹的石膏线勾边，整体风格豪华、富丽，充满强烈的动感效果；在色彩上，经常以白色系或黄色系为基础，搭配墨绿色、深棕色、金色等，表现出欧式风格的华贵气质。

作品分享

海岸别墅

设计公司：
基里尔室内设计装潢

"海岸别墅"顾名思义与海岸咫尺之隔。如此得天独厚的条件决定了空间的内部设计。轻松的气氛、明亮的细节、精彩的贝壳石装饰给人一种度假般的感觉。整个空间无地毯之铺设，但大部分家具却如同穿上了轮滑一般。轻盈的质感背景映衬着设计的严谨。家具铺陈或古色古香，或定制。天花的贝壳、母贝造型由法国艺术家量身打造，历时10个月。水晶吊灯虽着上了金属的外衣，但却给人以"珊瑚"的意象。吊灯、水晶、海贝的灵感源于20世纪美国设计大师托尼·杜奎特。蜈蚣般的长椅、木质的粉色孔雀石桌面都是本案设计师的杰作。虽然很多物品的制作由多个欧洲工作室承担，但包括在欧洲海运，在美国购买的众多事宜皆由本案设计完成。

别墅可谓是花园洋房，庭院深深，典型的当地风格。空间公私分明，隐私区除了卧室，还有一个小小的生活区。公共区除了大客厅，还有方便聚会的客厅。采光照明一边是人工照明留下的轻盈质感，一边是天然的太阳光线，让空间有了一种透亮、清新的感觉。

中式风格：中式风格多采用对称均衡式的布局方式，端正稳健，格调高雅，造型简朴优美，色彩浓重而成熟。中国传统室内陈设包括字画、匾幅、挂屏、盆景、瓷器、古玩、屏风等，追求一种修身养性的生活境界和书香门第的艺术氛围。家具雕刻以线雕和浮雕为主，图案多吉祥图案，如牡丹、荷花、梅、松、菊、凤纹等，崇尚自然情趣。装饰材料以木材为主，用材讲究，常用紫檀、黄花梨、柚木等高档木材，常用小面积的浮雕、线刻、嵌木、嵌石等手法，喜用草龙、方花纹、灵芝纹等图案。雕花上最显著的特征就是保留皇室家具的"万"字纹和"回"形纹。精雕细琢，瑰丽奇巧，融合了庄重与优雅双重气质。中式家具并非完全意义上的复古明清古典家具，而是通过中式风格的特征，表达对清雅含蓄、端庄丰华的东方式精神境界的追求。现代中式家具对中式古典家具进行了简化，提炼出了中式古典家具中的经典装饰元素，并结合现代设计手法将之抽象化、简练化，使其古典与现代并存，雅致与时尚共存。

随着社会文化水平的日益提高，软装的内容日益丰富，形式也多种多样。但是，无论软装的内容如何改变，它都是室内风格的延续，是完善室内装饰的重要表达方式。

作品分享

深圳招商鲸山觐海九期
流水别墅示范单位
设计公司：
深圳市朗联设计顾问有限公司

东汉许慎《说文解字》说："玉、石之美者，有五德：润泽以温，仁之方也；鳃理自外，可以知中，义之方也；其声舒扬，专以远闻，智之方也；不挠而折，勇之方也；锐廉而不忮，洁之方也。"在本套招商"鲸山觐海"九期流水别墅中，设计师以"玉"为主题贯穿空间，运用传统开合、迂回的技艺手法展现空间的韵律与趣味。通过节奏的变化与跳跃来体现不同空间的韵律之美，赋予空间一种别致的情调。

本案新中式风格时尚家居环境将怀旧的情愫融入其中。居室蓄满缱绻诗意的中式纹样，清雅隽秀的中式家具，宁静的瓷器、玉器，精美绝伦的官扇，中国水墨画的宫灯，像素笺上画笔构勒的墨痕，画下最痴情、写意的一笔，潜藏在内心深处那属于古典优雅的诗情，只有热爱中式文化的人才能懂得，如那工笔画中的花香，摇曳着美丽和优雅，踏过尘埃的声音，携一袭温馨的梦想，无边的风月，写满流年里最风韵的念想。

3.5 调节环境色调

室内环境的色调是室内设计的灵魂，对室内空间的舒适度有很大的影响。在一个固定的环境中，最具有感染力的是色调，不同的色调可以引起人们不同的心理感受。人们在观察空间色调时，自然会把眼光放在占大面积色彩的陈设物上，这是由室内空间环境色调决定的。室内环境色调可分为主体色调、背景色调、点缀色调三种。

主体色调是占软装中等面积的色彩，是整个室内空间环境的主色调，是室内环境色调最重要的组成部分，也是构成各种色调最基本的因素。背景色调指室内固有的天花板、墙壁、门窗、地板等大面积色彩。背景色调宜采用灰色调，以发挥其作为背景色的衬托作用。点缀色调是室内空间环境中最易于变化的小面积色彩，

如靠垫、摆设品，往往采用最为突出的强烈色彩或对比色彩。

室内空间环境的色调有很大一部分由软装来决定，软装的色调既作为主体色调又作为点缀色调。室内空间色调的处理，一般应进行总体把握与协调，即室内空间整体的色调应统一协调，但过分统一又会使空间显得枯燥、乏味，这时候，软装千姿百态的造型和丰富多变的色彩可以赋予室内空间以生命力，使空间环境生动活泼起来。掌握室内色调的搭配技巧，传达出设计师对色彩的掌控能力，体现出室内空间的审美品格。

清新色调：中心色为浅蓝色调，窗帘、抱枕等纺织材料选择黄白印花布，墙面、天花板等背景色采用灰色调，再在局部点缀一些绿色植物或者多彩花卉，使居室充满惬意、清新的气氛。

法国滨海别墅，建筑设计：lukesvechin，设计师：KirillIstomin
粉蓝色与橘红色的搭配，让整个空间清爽怡人。

公主系色调：中心色为浅粉色调，抱枕、灯罩、床幔使用同一色系不同明度的粉红色，地板用淡茶色，墙用奶白色，在空间局部放置一些颜色对比强烈地小玩具、小玩偶作为点缀色，使居室充满了公主般梦幻的童话氛围。

粉色童话
法式的优雅，配上粉粉的色调，缀以甜心的造型，一切如童话般甜美。

优雅色调：中心色为玫瑰色和淡紫色调，地毯用浅玫瑰色，大面积的沙发布艺用比地毯浓一些的玫瑰色，窗帘与抱枕可选用淡紫印花棉布，灯罩和灯杆用玫瑰色或紫色，墙和家具用灰白色系。

再放一些盆栽植物加以点缀，局部放置一些蜡烛工艺或者干花作为烘托，可使得整个室内空间洋溢着优雅、成熟、令人陶醉的气息。

Altamoda Italia品牌Mimi系列
浅紫的色调加上甜美的配饰，优雅中透着可爱，最适合永远也不想长大的时尚女孩。

设计过程中，切忌为了丰富室内色调而选用过多的点缀色，过多点缀色的采用使室内空间显得凌乱无序，应充分考虑在整体环境色调协调统一的前提下适当地进行点缀，以起到画龙点睛的作用。例如，赋予一个居室空间以整体感的最简洁的方法就是给墙壁、天花板以同一色调。

当然，决定一个空间色调的因素除了色彩以外，软装的形、光、质也是不容忽视的，设计师只有将这几者进行非常和谐统一地处理与搭配，才能使每个"成员"在室内空间中充分发挥自己的优势，共同营造一个舒适、温馨的居室。

昆明滇池龙岸云玺大宅
设计公司：
深圳市则灵艺术文化艺术有限公司

昆明滇池龙岸云玺大宅的设计，设计师结合昆明本地的民族文化特色，融合了泰国、印度等地的装饰元素，运用浓烈的色彩，精致的造型，加上丰富的装饰品与现代大胆的艺术品来表达空间个性。从住宅整体来看，整个空间跳跃而灵动，令人过目难忘。

这个色彩斑斓的空间里，不同功能空间的墙壁采用不同的装饰表现方式，有的采用手绘的油彩画予以装饰；有的被刷成了代表着黄金、财富和身份的金黄色，并于墙面之上融入独具泰式风格的小饰物；还有的引用了造型设计……挑高的建筑空间，精致的家装设计，加上艳丽的饰品装饰，诉说着泰国别样的风土人情。

天花板上彩色的吊灯，自然的外观，注入了丰富的色彩，当灯具被点亮，便展现出强有力的质感，光线也变得艳丽起来，让人不禁眼前一亮。墙上的镂空印花镜子，拉伸了空间，给人以开阔的

视觉效果，却也不会让人有单一的感觉。家具的丝绸面料加上绣花、坠珠等物品装饰，用恣意奔放的风情，点缀出不同的空间意境。

不同民族特色的风格，碰撞出了丰富而精彩的空间层次，溢出满满的异域情调。装饰物、家具等配饰单品，色彩明艳，弥漫着妩媚与清新，让人一见倾心。

3.6 增强文化内涵

在室内空间中，软装通过各式各样的材料、色彩、造型来展示空间的创意。不同材料的运用在色彩、质感和肌理等具体感受上都有极大的区别，通过软装材料的运用可以突显室内空间的文化内涵。例如，如果选择当地的天然材料，可以体现出材料的自然化、生态化，表现出悠闲、舒畅的乡村田园生活情趣。

软装除了通过材料、色彩以外，还可以借助符号去解读文化内涵，可以通过抽象的符号来表达浓厚的文化内涵。比如中国第一家五星级酒店广州白天鹅酒店，设计师莫伯治将酒店定位为中国园林庭园式设计与珠江优雅的环境融为一体，将温馨、亲切、尊贵的文化符号语言融为一体。

软装在满足室内空间基本使用功能的前提下，必须去深入挖掘地方文化特色和文化内涵，吸收地域文化的精髓，把自然、历史、地理、文学、美术、音乐、风水学等文化元素与软装结合起来，并提炼出相应的文化主题。然后，根据这个文化主题去设计、制作和摆设。

例如，W酒店是喜达屋旗下的现代时尚生活酒店品牌，它的软装巧妙地利用酒店所处城市的地域特点与人物背景为创意基础。其令人惊叹的建筑外观由知名建筑师严迅奇执笔，而充满动感的陈设设计，由纽约的Yabu Pushelberg、多伦多的Glyph、香港的AFSO、东京的A.N.D.和吉隆坡的Design Wilkes等设计师与工作室联袂打造。

中国台湾的W酒店以当地各种绿色植被装饰墙面，令人耳目一新；土耳其伊斯坦布尔的W酒店，使用简洁的不锈钢材质；泰国巴厘岛的W酒店定位于休闲度假，使用了大量的原木和质感柔和的石材，使陈设的整体效果多了一些宁静；英国伦敦的W酒店陈设运用数码媒介的像素化装饰元素，凸显了这个创意之都的城市文化内涵。因此，软装应当充分重视文化内涵在软装中的运用，提升室内空间的品位，让人们在享受现代生活的同时，更能感受到文化特色的生活元素。当今的室内空间已经不仅仅是满足人们物质需要的生活空间，而是作为现代文化的一个重要载体。作为设计师的我们不仅需要具备专业的技术知识技能，还必须具有超出常人的审美眼光与文化品位，需要充分了解中外各国的历史文化、传统文化、地域文化风情，善于运用设计语言去表达不同地域的文化内涵。

韩国首尔W酒店ICE餐厅

中国香港W酒店

波多黎各W酒店

3.7 体现地域特色

软装会受到地域生态文化的影响，许多软装的内容、形式、风格都体现了地域文化的特征。陈设艺术的本质在于其能够展示一个民族、一个群体或一个人最本真、最明确的艺术取向。因此，当软装需要表现特定的地方特色时，就可以通过其来满足特定地域文化的生活形态。

在纷繁复杂的外来文化、地域文化、民族文化的相互碰撞过程中重新整合形成与时代统一的审美情趣。地域特色在软装中的渗透范围广，形式多样，不拘一格。从软装的装饰符号、装饰材料，到自然界的声、光、水、电等，都可能成为营造室内空间地域特色氛围的重要元素。

在全世界范围内，各民族、各地区不同文化背景对不同的色彩、造型、材质等都会有微妙或是明显的差异。在中国的许多民居中，整体色彩一般偏向于秀丽淡雅、清新和谐。软装更加注重自然性、生态性，通过将植物引入室内的方式最大限度地保持了空间与自然界的完美融合。

作品分享

九间堂

设计公司：达观设计

古有桃花源，隐蔽之深，引无数文人志士尽驱之。闻其芳草鲜美，落英缤纷，屋舍俨然，阡陌交通。今金陵有家九间堂，堪比古时桃花源。本案借用桃花林的"诗意栖居"理念，并传承其神秘、唯美、宜居的特质，传达出人文与自然完美结合的意境。

本案利用得天独厚的自然景观，结合东方元素的设计，将桃源胜境与菲菲桃林意象引入室内，创造如诗如画的舒适环境，给居住者带来心灵的安抚，继而享受半刻的羽化飞仙。

软装以满足现代人使用功能的舒适性为前提，在造型、色彩等形式上表现出地域文化的丰富内涵，真正做到传统与现代的结合。例如，伊斯兰教民族的软装，采用植物花纹、几何纹样、文字设计为陈设图案；汉民族则由于代代相承的传统和习俗，龙凤、如意、花卉、蝴蝶、仙鹤等吉祥纹样都出现在各种室内陈设品中；同处东亚的日本与中国有着一衣带水的特殊地缘关系，在深受中国唐代建筑风格影响的同时，日本人以强烈的好奇心与对外来不同文化的兼容吸纳，逐渐发展了自己的软装特色。从神社到住宅府邸，从茶室到枯山水式的写意庭园，无不体现出这个岛国民族独特的创造力。尤其是日本传统建筑室内中所蕴涵的自然生态观，日式陈设大量运用自然界的材质，极少使用金属，从天花到地面都是最天然最朴实的材料，多为原木、席、竹等，同时尽量保持原色不加修饰。榻榻米多为铺地草垫，以麦秆和稻草编织而成，以淡雅节制、深邃禅意为境界，重视实际功能。所以在日式风格空间中总能让人静静地思考，禅意无穷。

| 日本住宅室内空间

| 高野山金刚峰寺石庭，枯山水景观中的代表。

体现地域特色，不是简单地模仿和抄袭传统的文化符号，而是要在继承中创新，利用已有的地域资源创造新思维。例如，2008年，华裔建筑大师贝聿铭为卡塔尔首都多哈设计的伊斯兰艺术博物馆，博物馆的内部陈设在继承伊斯兰传统风格的几何图案和传统拱形窗的基础上，运用现代设计创意，将这个占地4万5千平方米的建筑，以简洁的白色石灰石，几何式地叠加成伊斯兰的风格建筑，中央的穹顶连接起不同的空间，古朴且自然。地域文化的现代继承拒绝拿来主义，注重室内陈设环境的有机更新，如将地域材料作为软装的主要材料，但是又有别于当地材料的普遍用法，这就取决于设计师如何将陈设艺术品注入技术手段和表现手段。在满足功能的前提下，融入地域文化的精神内涵，达到功能美和形式美的有机结合。

作品分享

多哈伊斯兰艺术博物馆
建筑师：贝聿铭

博物馆外墙用白色石灰石堆叠而成，折射在蔚蓝的海面上，形成一种慑人的宏伟力量。在建筑的细部，典型的伊斯兰风格几何图案和阿拉伯传统拱形窗，又为这座庞然大物增添几分柔和，稍稍中和了它的英武之气。博物馆中庭偌大的银色穹顶之下，150英尺（45.72米）高的玻璃幕墙装饰四壁，人们可以透过它望见碧海金沙。

3.8 表述个性爱好

软装不仅能体现设计师的职业特征、性格爱好及文化修养，还是人们表现自我的手段之一。

首先，软装要满足不同使用者的个体文化需求。这取决于屋主的个人喜好，例如喜欢摄影的人，往往会在自己家中摆满摄影作品；爱运动的人会在房间内摆放运动器材并在墙上张贴运动形象海报；喜爱音乐的人会在家中摆放钢琴等音乐器材，这些陈设品在一定程度上反映出了屋主的生活面貌。

上坤置业松江佘山洞泾项目联排户型
室内设计：上海董世建筑设计咨询有限公司
别墅地下层的哈雷世界是属于男主人的陆地飞行团，从车灯形的吊灯、齿轮的栏杆、骑手衣装，到哈雷机车本身，将无数老男孩的重机怀旧情结打开，释放和彰显个性中的狂野。

其次，软装要格调高雅、造型优美，具有一定的文化内涵。设计师需要对软装装饰风格有全面的了解，例如，汉风、唐韵、宋雅、明艺都是属于中式风格，不同历史时期文化元素各不相同，有庄严典雅的气度，也有潇洒飘逸的气韵。欧式的软装在不同国家、不同时期，其文化特征也不尽相同。设计师对软装的准确把握，可以超越陈设品本身的美学界限而赋予室内空间以精神价值。例如，中国传统徽派民间建筑，悠长的小巷，高高的马头墙，越走近，越能看到它的精美。徽派民居的室内空间装饰，虽然简朴无华，但在陈设艺术上极为注重细节，按照特定的格律开小窗，并根据居室的功能，雕刻冰裂纹、梅花纹、仙鹤纹、福字纹、万寿纹，分别赋予书房、长者房、厅堂等不同居室吉祥寓意。

同时，还要注意居住者的年龄、经历、爱好、兴趣等，以及季节变化、不同气温状况等不同条件下的软装需求，利用软装材料的可变性，让室内空间根据四季变化来调节氛围。例如，夏季通常使用冷色调的光线，纺织品材质以轻薄、凉爽的色调为主。

软装的范畴非常广泛，内容和形式也丰富多彩。软装作为室内环境的重要组成部分，在满足人们工作、学习、交友、休息等要求的同时，还反映了业主的审美取向与个性爱好。因此，设计师应该广泛掌握空间使用者的年龄、职业、宗教信仰等基本信息。

作品分享

四名香堂香文化会馆

设计公司：
潘宇建筑环境设计事务所

四明香堂香文化会馆位于"宁波八大历史文化街区之一"的原郁家巷地块。会馆的前身是一户建于清代的三进式院落，属市级文物保护点。设计需要在保护建筑原体的前提下，实现从传统民居到香文化会馆的功能转变，更需要发挥旧建筑的历史文化底蕴，赋予会馆更强的文化张力与气氛感染力。

为此，设计师从黄庭坚的《香十德》中提取设计灵感。"感格鬼神、清净心身、能除污秽、能觉睡眠、静中成友、尘里偷闲、多而不厌、寡而为足、久藏不朽、常用无障"，在他的心中，会馆本身便应该如同一盘久藏不朽、常用无障上品沉香，与喜欢香、了解香道的人产生内心的共鸣，让来到这里的每一位"香客"自然地融入空间，去放松地欣赏、品鉴与交流，从而"净心契道、品评审美、励志翰文、调和身心"。

综合原古建筑的客观条件，设计师在整体空间规划上，保留了旧有建筑元素并以将设计手法隐藏于古建的表皮直线，通过灯光、动线规划和空间格局的细微调整，实现空间的各方面功能需要，尽可能不触动原建筑的外观，甚至在一定程度上提升建筑的历史气息和文化风情，比如墙脚处苔痕的营造，以及墙面石灰斑驳的处理，增强建筑体本身因时间带来的丰厚魅力，从而实现文化积淀外放，形成场域的气场效应。

当然在内部空间规划上，设计师重新定制了比例，规划出丰富多元的展示空间以便香器和古董字画的收藏及展示，并使其自然融入整个会馆空间中，而非博物馆式的古板刻意展示形态。

第四章
CHAPTER 4

软装的色彩配置

第四章
软装的色彩配置

"赤橙黄绿青蓝紫，谁持彩练当空舞。"色彩不仅是一种微妙的视觉感受，更是一种暗示性、象征性强烈的情绪表达，色彩是一种主观情绪的表达，能够表现出不同人的内心感受。当人们折服于彩虹的斑斓色彩，赞叹彩虹蕴含着与乐谱音符相类似的色彩顺序和协调性时，设计师也应该思考，室内陈设中色彩的运用。这其中，色彩的协调与不协调、互补色与对比色、冷色调与暖色调等因素都能够影响人的情感世界。因此，对色彩的搭配要协调、完整，并掌握一定的专业知识与技巧，才能使得室内空间达到赏心悦目的艺术效果。

唯美色彩
色彩影响的不只有视觉，对人的心理、健康都有极大影响。唯美色彩带给人愉悦的心情。

4.1 色彩的基础理论知识

室内空间环境的色彩引起空间的审美愉悦、使人产生联想，是影响人们心理情感最为敏感的形式要素。在软装中，通过利用色彩规律，可以更好地表达空间设计主题，唤起人们的情感共识，最终影响室内空间环境的整体效果。

从物理学的角度来看，一切色彩都来自光，没有光就没有色彩。自然界的光照射在不同的物体上，物体会吸收一部分波长的光，并反射另一部分波长的光色。物体的固有色，便产生于这种光色的反射现象。这种物理特性构成了色彩的基本属性。

色彩具有三个基本特性：色相、纯度、明度。

色相，是指色彩的相貌。光谱中各种光色都表现出色彩的原始面貌，共同构成了色彩体系中最基本的色相，这种属性可以将光谱上的不同部分区别开来。例如，红色（波长610~700 nm）就有不同程度的红，如大红、玫瑰红、暗红、橘红、朱红等，黄色（波长570~590 nm）有柠檬黄、中黄、橘黄、土黄等。要进一步了解色彩属性的差异，就必须了解色彩的另外两个属性，"明度"和"纯度"。

明度，是指色彩的明亮程度。各种有色物体由于它们反射光量的区别而产生颜色的明暗强弱。色彩的明度有两种情况：一是，同一色相不同明度。如同一种颜色在强光照射下显得明亮，弱光照射下显得较为灰暗模糊；同一颜色加入黑色或白色以后也能产生出各种不同的明暗层次。二是，各种颜色的不同明度。每一种纯色都有与其相应的明度。黄色明度最高，蓝、紫色明度最低，红色、绿色为中间明度。色彩的明度变化往往会影响到纯度，例如，红色加入黑色以后明度降低了，同时纯度也降低了；如果红色加白色则明度提高了，纯度却降低了。明度的层次如同一个室内空间的色彩骨架，主宰着整个空间的视觉效果。

纯度，是色彩的纯净程度，它表示颜色中所含有色成分的比例，这种比例是相对原色而言的。如果把某一光波段的色彩定义为"原色"，那么其色相的纯度就是最高的，距离原色越近的色彩，其色彩的纯度愈高，反之，则色彩的纯度愈低。可见光谱的各种单色光是最纯的颜色，为极限纯度。

色彩由固有色、光源色、环境色三要素构成。固有色是太阳光的照射下呈现出的色彩，也就是物体固有的颜色，如海是蓝的，花是红的，叶子是绿的等。光源色是光源照射到白色光滑不透明物体上所呈现出的颜色。环境色是物体所处环境色彩的反映。

色彩的三原色是由三种基本原色构成。原色是指不能透过其他颜色的混合调配而得出的"基本色"。色彩的三原色是由红、黄、蓝三色组成，它们相互独立，任意两种颜色组合，都会调出不同的颜色。

色彩主要分为暖色系、冷色系和中性色系。暖色系包括红、黄、橙，能使人心情舒畅，情绪高涨，产生兴奋感与自信感；冷色系包括青、蓝、绿等，能使人心情安静，情绪平静，甚至有点忧郁；中性色是介于红、黄、蓝三种颜色之间的色相，包括黑、白、灰三种，这三种中性色不属于冷色调也不属于暖色调，能与任何色彩起和谐、缓解的作用。

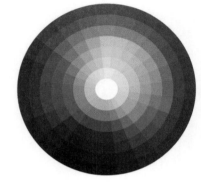

24色标准色轮图

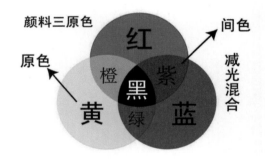

三原色

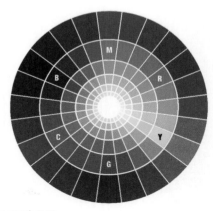

CMYK色轮图

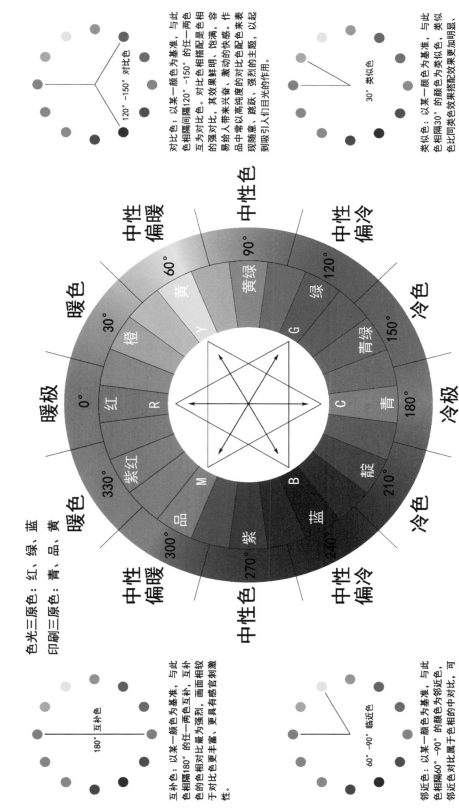

色光三原色：红、绿、蓝
印刷三原色：青、品、黄

对比色：以某一颜色为基准，与此色相间隔120°-150°的任一两色相互为对比色。对比色搭配是两色相的强对比，其效果鲜明、饱满的快感，容易给人带来以高纯度的对比色来表现画面的主题，跳跃、强烈的主题，以起到吸引人们目光的作用。

120°-150° 对比色

类似色：以某一颜色为基准，与此色相间隔30°的颜色为类似色。类似色比同类色效果搭配效果更加明显、丰富，可保持画面的统一与协调感。由于搭配效果相对较平淡和单调，可通过色彩明度和纯度强化色彩的目的。

30° 类似色

互补色：以某一颜色为基准，与此色相间隔180°的任一两色互补，互补色相间隔180°的色的色相对比最为强烈，画面相较于保持画面的统一感，活泼、丰富画面色更丰富，更具有感官刺激性。

180° 互补色

邻近色：以某一颜色为基准，与此色相间隔60°-90°的颜色为邻近色，邻近色对比属于弱对比，又能使画面显得丰富、活泼。可增加明度和纯度上的对比，丰富画面效果。这种单色调上的主次感能增强配色的吸引力。

60°-90° 临近色

同类色：以某一颜色为基准，与此色相间隔15°以内的颜色为同类色，同类色差别很小，呈现出单纯、统一、稳定的画面效果。可以通过明暗层次体现画面的立体感。可点缀少量对比色，使画面具有亮点。

无彩色：黑色、白色，能够传递出简洁有力的视觉印象；呈现明快感和扩张感，能给人视觉上的舒适；灰色，是物体底色的中性色，灵活的无彩色，是一种可靠、具有安全感和亲切感。

中性偏暖　暖色　暖极　暖色　中性偏暖
中性色　冷色　冷极　冷色　中性偏冷
中性偏冷

黄　橙　红　紫红　品　紫　蓝　靛　青　青绿　绿　黄绿

Y　R　M　B　C　G

60° 30° 0° 330° 300° 270° 240° 210° 180° 150° 120° 90°

作品分享

时尚教主

设计师：王凤波

这是一间小型公寓，设计师将靓蓝、大红、明黄挥洒得淋漓尽致。强烈的色彩、别致的造型，是时尚一族的心中至爱。本案虽然用色丰富明丽，但不杂乱，白色的天花、净色的墙身与窗帘，只用丰富的色彩覆盖单面墙体，使得空间更易聚焦。而在色彩搭配上主次分明，井然有序。

4.2 软装的色彩视觉心理

人的视觉感官对捕捉到的色彩信息通过视觉神经传输到大脑中枢，经过分析处理，形成人类个体对色彩的判断。从视觉心理分析，只要人所看到的色彩图形具有对比性、协调性，能够产生节奏、韵律，就可以让人的心情愉悦。但是由于每个个体的成长环境和文化背景的区别，对色彩的认知也有所不同。例如，一个长期生活在沙漠环境中的人，当见到绿色时就会觉得心情愉悦。

波多黎各W酒店
彩色的条纹与周边环境相映衬，既有当地民族气息，又显得生机勃勃。

色彩作为软装最有表现力的要素之一，它的视觉心理直接影响到我们的感情与情绪。每一种颜色都有特殊的视觉心理作用，能影响人的温度知觉、空间知觉甚至情绪。具体来说，色彩对人的心理情绪的影响主要体现在色彩具有温度感、距离感、重量感之上。

温度感：红、黄、橙等暖色系会使人联想到火焰、太阳，从而有温暖的感觉，使人心情舒畅，产生兴奋感；而青、灰、绿等冷色系则使人感到清静，甚至有点忧郁。

三亚太阳湾柏悦酒店
红色的背景墙让人感受到酒店迎宾的热情，心生暖意。

距离感：色彩可以使人感觉进退、远近的不同，暖色系具有前进的效果，而冷色系则具有后退的效果。软装常常利用色彩的这些特点去改变空间的大小和高低。

豪宅别墅，设计公司：Landry Design Group
深色装修与配置让空间更为深邃。

重量感：主要取决于色彩的明度和纯度，明度和纯度越高显得越轻，明度和纯度越低则显得越重。

彩色玻璃
深色的底将透光的图案衬托得更为明丽。
深色的即使是玻璃也让人感觉更为沉重。

作品分享

常州九龙仓凤凰湖A2户型
设计公司：上海乐尚装饰设计工程有限公司
面积：367.5 m²

法式建筑力求经典，是经过数百年的历史筛选和时光打磨留存下来的。法式风格十分推崇优雅、高贵、浪漫、精致、自然主义，最突出的特征是贵族气十足。它是一种基于对理想情景的考虑，追求建筑的诗意、诗境，力求在气质上给人深度的感染。风格偏于庄重大方，整个建筑多采用对称造型，恢宏的气势，豪华舒适的居住空间，外墙多用石材或仿石材装饰，细节处理上运用了法式廊柱、雕花、线条，制作工艺精细考究，呈现出浪漫典雅。

本案以法式风格为主，强调空间对比美，不仅采用直接照明手段而且合理利用自然光，唯美的线条延伸出应有的典雅，雅致的摆设流露出古典空间的美学。空间大量使用白色调，将法式风格设计融于现代设计中，浑然一体，色调时尚温馨不突兀。客厅白色天花与地面的天然大理石拼花，让空间有了优雅与华丽的视觉享受。卧室空间墙面将经典唯美的墙纸与软包相结合，配以天然实木地板，体现出唯美舒适的生活感受。

了解了色彩对人的心理情绪的影响之后，在进行室内陈设设计时，色彩的搭配应该尽可能多地考虑色彩与人们的性格、生活习惯、爱好之间的关系。

以下是几种常用的类型：

（1）青年型

常用蓝色、绿色和红色等跳跃的色系，以此显示青年活泼、热情、活力的气质。例如，地毯可大胆地选用红色，窗帘则用蓝色，以形成对比。

设计师：王凤波
年轻人的世界，蓝色代表智慧，红色是心中的火焰，要的就是这片挡不住的热情。

（2）儿童型

常常采用粉色、黄色、橙色、紫色等色彩组合，以此彰显出儿童天真梦幻的气质。例如，窗帘可以使用色彩跳跃的可爱图案，壁纸的选色也可以用一些跳跃活泼的颜色，当然，不能整个房间都大量地使用对比色或跳跃色，不然会使得房间杂乱无序，造成儿童情绪的浮躁。除了使用对比色和跳跃色以外，应该用一些灰色或者白色进行调和，以营造一种童话般的梦幻世界。

甜美的粉色，配合童趣可爱的造型，为孩子打造出公主般的梦幻国度。

（3）老人型

以中性灰色系为主，色彩不宜太强烈，也不要太压抑，更不能杂乱。

高端样板房，设计师：庞一飞
老人的卧室，宁静沉稳，面料舒适，才能让老人安心休息。

（4）单身个性型

可以使用一些打破常规、大胆的色彩。例如，可以直接用黑、白对比或色块叠加等方法并辅以不规则线条来进行设计，以此产生强烈的视觉效果，给人以强烈的现代感与未来感。

单身贵族的家
色彩可以随心所欲，造型图案也凭心选择。这个家的主人是位服装设计师，把职业融入家居再合适不过。

正确运用色彩视觉心理，可以对空间环境进行合理有效地改善。下面将介绍几种色彩在软装中的运用技巧：

宽敞的居室采用暖色进行装修，可以避免房间给人的空旷感；房间小的住户可以采用冷色来装修，心理上会感到更舒适温馨。家居空间中，配色宜选暖色调，以此营造出温馨舒适的居住环境；人多而喧闹的公共空间，选择冷色调有助于环境协调。同一家庭空间，在色彩的使用上也有侧重，卧室装饰宜用暖色调，有利于人们睡眠休息；书房多用淡蓝色等冷色调进行装饰，使人们能够集中精力学习思考。

对于不同的气候条件，不同色彩的运用也可以在一定程度上改变环境气氛。在严寒的北方，人们希望温暖，选用暖色调装饰会有温暖的感觉；反之，南方气候炎热潮湿，多采用绿色、蓝色等冷色调装饰室内空间，感觉上会比较凉爽。

4.3 软装的色彩搭配

陈设艺术色彩不是一个抽象的概念，它和室内每一件物体的材料、质地、形态紧密地联系在一起。软装色彩设计的根本问题是配色问题，这是室内色彩效果优劣的关键，孤立的色彩无所谓美或不美。就这个意义来说，只有不恰当的配色，而没有不可用的颜色。色彩搭配效果取决于不同色彩之间的相互关系。色调的统一与变化，是色彩搭配的基本原则，设计师应注意主色调和辅助色的设计方法。

主色调：软装色彩设计虽然是由多种色彩组成的，但各个部分的色彩变化都应服从于一个基本色调，使整个室内空间呈现出和谐统一的整体性。营造室内色彩的整体感，通常采用一色为主，多色辅之的方法。主色调的选择是一个关键性的步骤，必须十分贴切地反应室内空间的主题，即希望通过色彩达到怎样的感受，是典雅还是华丽，安静还是活泼，纯朴还是奢华。

辅助色：主色调，一般应占有较大比例，而辅助色作为与主色调相协调的色彩，所占比例较小。

协调色彩之间的相互关系，是陈设色彩设计不可忽视的一个环节。软装色彩可以利用色彩明度变化统一并划分成许多层次，背景色常作为大面积的色彩，宜用灰调；重点色常作为小面积的色彩，可使用一些跳跃活泼的色彩。背景色与重点色的合理搭配，可以使室内色彩达到多样统一，统一中有变化，不单调、不杂乱，形成一个和谐统一的空间整体。

作品分享

高端别墅样板房
设计公司：梓人设计
设计师：颜政

酒红色，如同一杯醇美的葡萄酒，历经岁月的洗礼而愈加甘洌，散发出独特的芳香。黑色，占据时尚前沿，深邃而神秘，似乎主宰着整个色彩世界。若将这样两种具有非凡典雅气质的色彩组合在一起，定能绽放出明艳、妩媚而高雅的热情火花，惊艳时光，温柔岁月。

浓烈的酒红加上深沉的黑色堪称无懈可击的完美结合。一如本案，一座定调美式新古典风格的阁楼建筑，设计师将丰盈而浓烈的酒红色主色调完美地融入由大量黑色木质建材和新古典元素构筑的居室空间之中，大气而不失典雅，是古典与时尚高度和谐的体现。

从整个居室来看，每一处细节都饱含着浓浓的异国情调，古朴而优雅，可谓是十分用心的设计。

从一层进入门厅，挑高的会客厅与餐厅吸引着人们的注意，它热情、浓郁，加上沉稳的黑色以及自然气息浓郁的棕黄色，一派古雅的姿态让人印象深刻。这是设计师对颜色比例的精心调配。再搭配质感丰富的布艺，没有太多造作的修饰与约束，完美营造出自在、随意、休闲浪漫的空间氛围，使之无处不散发着具有文化积淀的怀旧气息与奢华贵气，也不失自由不羁的情调。

餐厅延续了会客厅的设计理念，墙壁在经过形式化了的木材的包覆之下呈现出直观有序的肌理，这种"符号化"的几何结构设计使整体设计更加美观、大气。当然，除了形体的塑造外，设计师也不忘其色调的调配，大胆运用魅惑的酒红色进行铺叙，点燃了火

热的空间氛围，又刺激感官世界。配上新古典风格的餐椅，在古典中凸显时尚感。

建筑又在负一层设活动室，因空间建筑高度所限，设计中利用镜面材料铺饰吊顶，拉伸空间距离。浑圆的拱形造型设计，显得大气、浪漫而富有个性。再者，整体色调比较温润，以大地棕色系为主，能够给人一种宽敞的感觉，而且视觉感官方面也很舒适。几个红色抱枕轻描淡写地点缀其间，犹如锦上添花。

这个集热情、古味、自由于一体的空间设计道出了一种别样的味道，其浓烈奔放的空间表情更是让人过目难忘。

4.3.1 软装的色彩搭配通常有以下特征

（1）一般色彩特征：色彩的冷暖是相对的，绿色、蓝色常使人联想到流水、碧空、草原，象征冷静包容，通常冷色调给人安静、清爽之感。红色、橙色、黄色常使人联想到日出、阳光，象征喜庆、热情、活力，暖色调使人感到温暖、温馨。冷色调使房间显得较大，暖色调使房间看上去较小。

（2）和谐色彩特征：两三种相近色调的颜色搭配，可使空间产生安静舒适的效果。

（3）对比色彩特征：选用具有强烈对比效果的色彩，如冷色与暖色的对比，可以使室内空间充满活力与朝气。

作品分享

方圆湛江·云山诗意C2户型示范单位

设计公司：
Studio Revolution（深圳市陈列宝室内建筑师有限公司）
面积：80 m²

主创设计：陈列宝、李程
参与设计：杨波、周傲

本案以黄色为空间的主色调，配合黄色系的展开，采用了土色、咖啡色、金色等一系列相关色彩，显得层次丰富。为了表现出中式的文化特色，特意用了少量的黑做空间的勾线和局部块面，以使其不会浮夸，然后以大量的灰、白做中间过渡，使整体空间层次分明。明亮的黄彰显出空间的活力，而雅士白、古董灰则让空间显得更为舒适沉稳。

4.3.2 软装色彩的搭配方法

（1）现代感：黑、白、灰是永恒经典的色调。黑色与白色搭配可以营造出强烈的视觉效果，而将灰色融入其中，可以调节黑色与白色的视觉冲击力，这种色彩搭配可以使得室内空间充满现代感与时尚感。

（2）活力感：蓝色系与橙色系搭配，将这两种对比色组合在一起，碰撞出兼具当代与复古风味的视觉感受，给予空间一种新的生命。

（3）温情感：在白色调为主的房间中加些蓝色，再现浪漫温情，白色与蓝色是居家生活中最佳的搭配选择。

（4）梦幻感：以蓝色为中心的色彩组合，如果利用得当，可以使房间在视觉上变大，再搭配一些与蓝色系相近的紫色，会给人一种梦幻般的感觉，如果再在局部点缀一些橙色，例如在抱枕、挂画、装饰品等小面积的陈设品进行点缀，这样会使得房间瞬间变得有活力，充满朝气。

（5）魅力感：以白色和灰色为代表的无色系，无论与任何颜色搭配都很和谐，而且不会显得杂乱无序。在灰色系中加入一些红色，会使得房间显得格调高雅，富有时尚感。

（6）清新感：绿色系具有稳定情绪的作用，大量使用也不会有冰冷的感觉，在居室中，使用一些干净明亮的绿色，可使得房间充满春意，给人一种清新自然的感觉。

作品分享

成都中铁奥威尔洋房样板房

设计公司：尚辰设计

本案是位于成都中铁奥威尔洋房的样板房，设计师以轻松自然、温馨浪漫为主题，以纯洁的白色和淡淡的浅蓝色为基调，通过完美简练的新古典线条、优雅的蓝调软装配饰以及精益求精的细节处理，打造一场让人惊艳的视觉盛宴。整个空间跳脱出豪宅的固化样貌，多一分清新、自然的韵味。

起居室中造型新颖的欧式线条沙发、鸟笼状搁置架、茶几、衣柜、儿童床等皆采用白漆木材质，大方、简洁的线条为空间平添一份富有质感的清新美，在适当的饰物点缀之下，丝毫不显得空旷，反而给人一种宁静感。蓝白主色大面积展现于花园阳台软装上，晶莹剔透的纯白波帘尽显轻盈质感，创造梦幻般的仙境。

米色贵妃榻上鸟类彩绘抱枕与艳丽的牡丹插花为整个素净的空间增添自然生机。

本案每个房间都有自己的主题，各种细节极富生活情趣，试图营造一种归家的浪漫与精致的小资情节，从而让她爱上这个家。主卧起居室延续蓝白主色调，湖蓝印花壁纸墙面与原点彩面三折屏风，加上暗绿波帘，整个空间尽显淡雅、清新之气。线条优美的

湖蓝色贵妃榻与墙面芭蕾舞者油画图隔空呼应，为整个空间植入极富艺术性的美学概念；渐变色条纹壁纸与纺纱波帘营造出一个通透、明快的室内休憩空间。

空间中随处可见的花朵元素、各种动物造型和工艺品，既能起到调节室内空气、低碳环保的作用，同时也点亮了新古典家装的自然气氛，犹如在无拘无束的大自然中，自由、惬意。

4.3.3 设计师在软装色彩搭配时，可以遵循以下几个原则

（1）软装配色时，使用彩色系不宜超过三种（黑色、白色及这两种色彩调和的灰色属于无彩色系，不包括在内）。

（2）室内空间如果是非封闭并且贯穿的，最好使用同一色系。

（3）天花板的色彩宜浅于墙面或与墙面同色。顶部一般使用浅色，这样才能使人感觉轻松。通常居室的处理大多是自上而下，由浅到深。

（4）根据房间的朝向选择颜色。朝东的房间由于阳光最早晒到，也最早离开，因而房间较早变暗，所以使用浅暖色往往是最好的选择。朝西的房间由于受到一天中最强烈的西照影响，因此使用深冷色，这样会使得房间更舒适。朝南的房间日照时间最长，使用冷色系是最佳的选择。朝北的房间由于没有日光的直接照射，所在选色时应倾向于浅暖色系。

作品分享

北京住宅

设计公司：Dariel Studio

本案是位于北京的1 500平方米私人住宅，设计师用全新的构思将两层总共12个小公寓打通并组合成全新的复式公寓。设计运用不同纹理、材料、颜色和造型，通过改造、创作和组合，给予空间不同的故事。强烈的后现代主义风格赋予本案强烈的现代感，为本处私宅奏响一曲幻想曲。色彩的运用让人眼前一亮，纯白的底色，饱和鲜艳的蓝、红、黄在各个空间勾勒出不同的形态，清爽而跳跃，充满活力和动感。

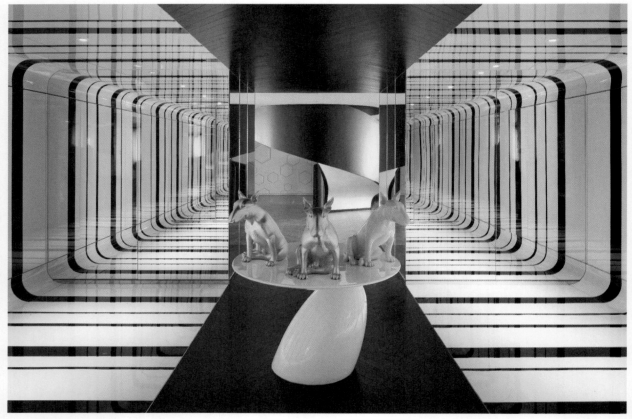

方圆湛江·云山诗意C1户型示范单位——宫红

设计公司：深圳市陈列宝室内建筑师有限公司

主创设计：陈列宝、李程

参与设计：杨波、周傲

面积：120 m²

本案提取紫禁城宫墙的红色为主色调，与灰色的底，亮色的金相匹配，营造出一方浓墨重彩的现代中式空间。不论是电视背景墙，还是地毯，或是餐桌、书柜，浓烈的红像旗帜般吸引着目光的追随，在华贵之中漫延着强烈的激情。即使在客房，红色的床架也如一道立体的画框，框住生活的浪漫舒适。

色彩是表达室内空间美感的重要的手段，是富有情感且充满变化的。在室内空间设计中，如果能巧妙地运用色彩，往往可以起到丰富造型、突出功能、表达情绪、营造氛围、凸显格调的作用。那么如何正确地运用色彩元素来完善陈设艺术设计呢？

首先，色彩设计必须服从于功能，软装的色彩搭配，应该充分满足室内空间的使用功能。为了达到理想的效果，为室内空间起到锦上添花的作用，设计师应该认真分析每一空间的使用性质，如空间是儿童居室、老年人的居室、青年居室或是新婚夫妇的居室，应该根据使用对象的不同或使用功能的不同，对软装的色彩进行不同的选择与搭配。

儿童卧室，设计师：郑树芬
儿童的空间可以色彩明快、造型丰富。但要有利于休息和睡眠的话，带一定灰度的色彩更适合卧室空间。

其次，软装色彩设计应该符合室内空间整体构图的需要。软装色彩的配置只有符合空间的构图原则，才能充分发挥色彩对空间的美化作用。在进行室内空间色彩搭配时，需正确处理协调与对比、统一与变化、主体与背景的关系。规划好室内空间的主色调，做到主色调与次色调的协调统一，防止杂乱无序；做到统一中有对比，协调中有变化，大面积的色块不宜采用过分鲜艳的色彩，小面积的色块可适当提高色彩的明度和纯度，活跃空间氛围。

公寓客厅，设计公司：Jamie Bush & Co
客厅的设计明快舒适，家具、陈设的色调在统一中各有细节的变化，感觉丰富而不繁杂。

同时，色彩设计要恰当处理主体色与背景色的关系。背景色是指天花、墙面、地面等大面积色。这种大面积的颜色需要协调统一，变化需尽可能的少，这样才能突出主体的视觉中心。室内色彩设计需体现稳重感、韵律感和节奏感，为了达到空间色彩的稳重感，背景色最好能做到从上到下，也就是从天花板到地面，颜色需由浅到深，这样才不会使人感到压抑。室内色彩的起伏变化，应形成一定的韵律感和节奏感，注重色彩的规律性，切忌杂乱无章。

台湾广天厦公设，设计公司：诺禾设计
空间色彩并不是越多越好，像这样的洽谈空间，舍去多余的装饰，反而有利用集中精神、平心静气。

最后，色彩的运用不能忽视了民族、地区和气候条件的限制。符合使用者的审美要求是室内陈设计师需要遵循的基本规律，对于不同民族、不同地区、不同气候来说，由于生活习惯、文化传统、地域因素、人文气息和历史沿革不同，其审美要求与个性需求也不同。因此，进行室内空间色彩配置时，既要掌握一般规律，又要了解不同民族、不同地理环境的特殊习惯和气候条件。

花间堂苏州探花府酒店
中式古典建筑中，沉稳内敛，庄重有序，主次分明才能显现出家学渊源。

综上所述，色彩搭配是软装设计的灵魂，是室内空间极为重要的因素。合理运用色彩，对室内环境的空间感、舒适度、环境气氛，以及对人的生理和心理情绪均有着极大的影响。色彩是富有感情且充满变化的，因此，掌握室内陈设艺术的色彩搭配，创造出和谐舒适的室内空间环境，能体现出设计师独特的审美修养。

第五章
CHAPTER 5

软装的形式法则

第五章
软装的形式美法则

早在古希腊，"黄金分割比"就被人类定义为形式美，由于这种比例可以对人类的视觉产生适度的刺激并且符合人的视觉习惯。这样的形式美更容易使人产生视觉愉悦，因此，它被广泛应用于建筑、绘画、雕塑等艺术创作。

软装的"形式美"，是一种相对独立的审美表达。软装"形式美"的构成因素有两个方面：一个是构成软装形式美的艺术品，另外一个就是构成软装形式美的陈设品之间的组合规律。

软装的形态构成、色彩组合、材料施工，都是建立在美学原理的基础上：对称与均衡、比例与尺度、主从与重点、过渡与照应、稳定与轻巧、节奏与韵律、渗透与层次、质感与肌理、调和与对比、多样与统一等。这些规律是人们通过不断地熟悉和掌握软装的各种特性，并对形成软装"形式美"不同因素之间的联系进行抽象、概括而总结出来的。研究软装的"形式美"法则，培养设计师对"形式美"的敏感，可以促使设计师更好地去创造"美"的事物。

软装艺术中的美学原则，主要有以下几个方面：比例与尺度、对比与和谐、节奏与韵律、对称与均衡。

法国皇家依云酒店2
空间尺度比例与色彩的配比，就像空间的骨骼与皮肤，终将决定空间能否成为一个"美人"。

◈ 5.1 比例与尺度

所谓比例，就是物体本身三个量度间的关系。任何造型艺术都有比例，只有比例和谐的物体才会产生美感。尺度是整体和局部的关系，它和比例是互相联系的。室内陈设品为了使用方便都必须和人体保持着适度的大小和尺寸关系。例如，门与人体高度、浴缸与人体宽度等关系。强调比例是为了追求更好的视觉效果，注重尺度则是为了满足人们舒适的使用效果。

比例是物与物之间的关系，在美学中，最经典的比例莫过于"黄金分割"。室内空间的长、宽、高，如果符合"黄金分割"，则被认为是最和谐的比例关系。反之，如果随意将室内空间拉长或压扁，不仅造成室内空间不能被合理使用，也会给人留下不舒适的感觉。尺度是物与人之间的关系，不需涉及具体尺寸，可以凭感觉上的印象进行把握。

作品分享

广东佛山千灯湖1号样板间

设计公司：HSD

设计师：琚宾

摄影师：井旭峰

面积：300 m²

主要材料：西班牙米黄、烤漆板、木地板、钢、软包

本案延续建筑ART DECO的建筑风格，承载古典精髓，室内空间的设计在解决了功能合理性之后，如何去建构东方思想中的气质美学，如何将这种美学转化在空间之中，实现文化的气质与功能形式的建构内在秩序的一致性。

本案在空间比例尺度上把握精准。天花上黑色线框，纤细而有力，对各个功能区进行了明确的划分。解决了大的面积配比后，各个功能区在这个尺度下，以对应的尺度确定家具、灯具、饰品的尺寸。比例精准的家具，有种内在沉稳含蓄的力量。

居住空间本质，涵括如阳光、水体、绿植、自由的空气、愉悦、美好等有形和无形的体。在探寻东方空间的气质美学时，应着重强调的是文化氛围和精神归属感的营造。在陈设配饰上，以东方文化背景为出发点，通过不同程度和力度地使用东方元素(竹、瓷器、王怀庆的绘画、丝绸面料等)，而达到颠覆大家的常规看法，彰显材质本身和背景的对比以及文化属性的传递，使其在拥有国际面孔的同时依然带给居住者东方式情感的体验。

5.2 对比与和谐

对比是强调各部分之间的差异性，在相互烘托与陪衬中求得变化，室内空间往往利用陈设之间的大小、多少、轻重、高低、厚薄、宽窄、粗细等量的对比以及色彩与材质的对比，使室内空间更具有层次感。对比是"美"的表现形式之一，室内空间应采取"大面积上和谐，小面积上对比"以起到画龙点睛的作用，使原本平淡的空间环境变得丰富而有层次。在室内空间中，对比的运用无处不在，可以涉及空间的各个角落，从而演绎出各种不同格调的空间氛围。

和谐，是指在造型、色彩和材质等方面做到融洽协调，以取得和谐的美感。室内空间中的和谐不仅要求陈设的和谐，而且要求整个室内空间环境的和谐，无论是家具与陈设品之间，陈设品与陈设品之间，家具与家具之间，都应该形成一个和谐的整体。

风格的和谐是指在一个室内空间中风格要统一协调，不能几种风格混在一起，从而产生杂乱无章的效果。

色彩的和谐是指在同一室内空间所用颜色不可过多，一般不可多于三种色彩，而且宜采用调和色、相近色。

材质的和谐是指在同一室内空间所用的材质不宜过多，材质之间搭配应和谐统一。

作品分享

万科·南昌时代广场公望会所

设计公司：IADC涞澳设计

设计师：张成喆

面积：1 500 m²

南昌公望会所以现代中式设计为主题，糅合其擅长的现代设计手法及传统山水画的意境，呈现亦古亦今、别具一格的会所空间。说起中国古代山水画，著名室内设计师张成喆感悟颇深，在他看来，"中国山水画强调意境，常常在无声之中给人一种无与伦比的力量。我希望能够将这种手法运用到我的室内设计之中，达到"深远、含蓄、内秀"的意境。具体而言，将中国山水画云雾缭绕，楼阁殿宇，若隐若现，溪水曲回，板桥连岸，烟林掩映，淡墨轻岚，空灵清逸的美学完美呈现。"

张成喆从中获得启发，以此概念打造现代中式的会所空间，以米、灰和石墨绿为主要色彩，选用丝绸、锦缎、亚麻布料等材料，并

糅合"奇松""云海"等元素，让设计达至大气端庄的气势，又于简约之中散发出浓烈的中国情怀，呈现富有个性的新中式设计。

将山水画的意境注入会所空间，唤醒了整座建筑的生命力，赋予它另一种截然不同的气场。这种气场并非设计师自立于建筑之中，而是建筑本身意境的延续。"这并非凭空想象，它应该延续建筑及周围环境所拥有的个性和特点。建筑师从景观或周围环境中找寻灵感，而作为室内设计师，我不会凭空去做一个三角或切面，我会在建筑身上找特点。譬如在设计一把椅子的时候，我们必须要先考虑它会被摆放在什么样的房间里，为不同空间设计的东西是截然不同的，所以空间环境和功能的影响才是决定室内设计场所意境的关键。"

公望会所的建筑是一个长方形体块，呈中轴对称布局，这正符合

中式室内设计的格调。空间的主要功能区有门厅、茶吧、洽谈区、VIP区、私塾、展示区。

沿着石墨绿大理石首先步入的是大气磅礴的门厅，抬头可见水滴造型的吊灯，一盏盏风格简约的吊灯垂吊而下，配合墙面山水意象摄影作品，营造出宁静唯美、和谐古雅的氛围。慢慢走进去，展现在眼前的是一条长长的通道，左右分别为洽谈区、VIP区、展示区和私塾。在这个空间，洋溢着浓浓的书卷气，与其说它是一个会所空间，倒不如说它更像是一个文人雅士心灵栖息的书房。宁静悠远的山水画作点缀其间，以线装书为灵感作为空间隔断，地面"长卷式山水画"地毯形成空间焦点。除此之外，会所内特别为儿童准备的"私塾"空间可谓点睛之笔，笔、墨、纸、砚、香炉、镇纸，这些文人书房的宝贝样样齐全。陈设摆件的制作工艺也颇为讲究，平添一种不可言喻的高雅气息。值得一提的是展示空间上方硕大的"藏书阁"，将传统书房的意境推至高潮。细节部分也极为考究，细部和格栅灵感源于宋代建筑构造方式，并以现代设计手法加以演绎，与包豪斯理念不谋而合。

5.3 节奏与韵律

节奏是一种有规律的重复。人对节奏有一种本能的敏感，失去节奏会使人心烦意乱。在室内空间中常用节奏的形式来统一格调。室内空间中的陈设品以及壁纸、布艺上的各种图案也都能产生节奏，使人在静态之中感受到美的流动。

韵律在室内空间中表现为条理性。室内空间中造型、色彩、结构、材质等要素，只有合乎某种规律，才能给予人们视觉上和心理上的舒适感。在室内空间中经常运用重复、渐变，使视觉上产生丰富的韵律感，进而达到美的享受。

节奏与韵律是密不可分的统一体，通过节奏与韵律的不同体现从而达到"美"的感染力。在室内空间中虽然可以采用不同的节奏和韵律，但同一个房间切忌使用两种以上的节奏，以免使人心烦意乱。

法国皇家依云酒店
对称而富有节奏的空间，给人一种无限延伸的恢宏大气之感。

中铁建西派澜岸售楼部，设计公司：梓人设计
通道上的对称与重复，形成了纵深的韵律感，让人感受空间的深远与有序。

5.4 对称与均衡

对称，指物体或图形在某种变换条件下，其相同部分之间有规律重复的现象，亦在一定变换条件下的不变现象。均衡，是指支点两边的力相等，处于稳定状态的现象。平衡与对称有着密切的联系，它表现为对应的双方等量而不等形，即形体上有所不同而分量上或体积上大体相当。

对称与均衡在一定程度上反映了中庸之道。室内空间中人们往往在基本对称的基础上进行变化，形成局部不对称或对比，这也是一种审美原则。具体到室内陈设中，就是指所有的陈设分布合理，家具摆放协调。在室内设计中处理均衡的方式有对称均衡和非对称均衡两种。所谓对称均衡，是指中轴线或中心点两边或四周的形态和位置完全相同，这种对称均衡给人一种庄重和安定的感觉，但缺乏生动性。非对称均衡是指在一个平衡形式中，不等形，即形体上有所不同而分量上或体积上大体相当，这种非对称均衡往往表现出一种稳定之中的动感，它所取得的视觉效果是动感而富于变化。因此，后者在室内空间中经常被采用。

三亚太阳湾柏悦酒店
对称的布局让人感觉平稳而庄重，进而产生安定之感。越是大的空间，越需要讲究对称与均衡，不然就会导致失重或者无序，让身居其间的人感觉无所适从。

作品分享

星河湾别墅

设计公司：邱德光设计

对称的空间让大尺度空间沉稳有序，并显得庄重大气。无论是空间上的中轴对称，还是家具摆放上的两两对应，都形成了一定的空间节奏，并让身居其间的人感觉沉稳安定。

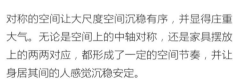

第六章
CHAPTER 6

软装设计中的家具元素

第六章
软装设计中的家具元素

从远古到今天，家具是人类文化最重要的信息载体之一，是对不同地域人类生活的另一种诠释，它的发展演绎着人类文明的进程，也是室内空间中不可缺少的重要软装元素之一。

中式与西式家具不同发展特点：中式家具和西方家具，在不同的文化背景下，经历了无数种创新。无论是制作材料、工艺技术、造型设计、结构、色彩，还是风格特点都是随着时代进步而不断变化，创造出各具特色的家具文化。思维方式受一个民族的文化基因和心理结构的影响，传统思维方式是民族文化中的核心内容，对整个民族文化的发展起到巨大的推动作用。东方陆地型文化的相对封闭性，使中国传统家具有着较大的自足性；西方海洋型文化则促使家具体现出更大的包容性。

米兰王子酒店
欧洲古典风格的家具

同时，起居方式的不同使中西家具在初始阶段就出现差异：造型上，中国家具由于传统席地起居的生活习性，早期的家具以低型家具为主，直到宋代，在拥有丰富的室内空间布局手法和装饰装修技术的条件下，才出现了高型家具以及与之相匹配、品位隽永的室内软装，而西方在公元前就出现了高型坐具；风格上，中国家具在东方哲学思想影响下形成既端庄又含蓄的形式，造型风格倾向于秀挺典雅，而西方则受到人文主义以及理性思想影响，更倾向于满足情感表达的造型结构；装饰上，中国的漆艺、雕刻很有特色，西方则以材料变化见长。沿着家具发展的历史轨迹解读东西方家具的经典作品，是设计师探寻室内陈设艺术创新的必经之路。

经典中式家具：中国传统家具早在五代时期造型已脱离唐代家具造型刻意追求繁缛装饰的倾向，受到建筑抬梁式木构架的影响，在民间高型家具的高度开始以坐面为基准，坐具高了，其他家具也都提高了，陈设器物的尺寸造型都受到影响。

鸿会所，设计公司：逸品设计
中式传统家具，清代风格，厚重宽阔，精雕细琢。

五代南唐家具：五代南唐画家顾闳中的《韩熙载夜宴图》中的许多家具，如几、桌、椅、三折屏、宫灯、花器等，都是五代家具造型崇尚简洁朴实最好的写照。

第一段"听乐"，描绘韩熙载在宴会进行中与宾客们听歌女弹琵琶的情景，生动地表现了韩熙载和他的宾客们全神贯注侧耳倾听的神态。

第二段"观舞"，描绘韩熙载亲自为舞女击鼓，所有的宾客都以赞赏的神色注视着韩熙载击鼓的动作，似乎都陶醉在美妙的鼓声中。

第三段"歇息"，描绘宴会进行中间的休息场面，韩熙载坐在床边，一面洗手，一面和几个女子谈话。

第四段"清吹"，描绘韩熙载坐听管乐的场面。韩熙载盘膝坐在椅子上，好像在跟一个女子说话，另有五个女子做吹奏的准备。

第五段"散宴"，描绘韩熙载的众宾客与歌女们谈话的情景。在这些歌舞颂宴场面中，头戴高纱帽、身材魁伟、长脸美髯的韩熙载既纵情声色又流露出沉郁寡欢的心理矛盾。每段之间以屏风巧妙相隔，显得很自然。线条工整精细，设色绚丽清雅而又沉着，也都表现出高超的艺术水平。

宋代家具：到了宋代，文人墨客的美学思想奠定了朴实无华的宋代家具风格，如苏轼主张"发纤秾于简古，寄至味于淡泊"，崇尚简洁方正、做工严谨，大量运用木材并且重视家具与陈设的搭配，讲究成套的家具使用。宋代家具少做大面积装饰，家具腿部的变化最多，用"花腿"来形容宋代家具最为恰当。

明代家具：明代家具是中式家具的典范，明代文人雅士审美情趣广泛，将艺术主张渗透于日常生活和器物之中，结合明代海外贸易的发展、园林建筑艺术的兴盛，在各种社会因素和历史因素的共同作用下，形成了中式家具独树一帜的风格。明式家具，既是百姓生活中的日常用具，同时也是这个朝代物质文化和精神文化的载体，采用了紫檀、黄花梨、乌木、鸡翅木、酸枝木、楠木、桦木等坚硬的硬木材质，制作以榫卯严密精巧，线形构造简洁典雅，体现出明代家具工艺制作上的精巧，香几、立柜、棋桌、书格、大柜、圈椅、圆凳、官帽椅、扶手椅、玫瑰椅、床具、方机顶箱立柜等一应俱全。

明代家具，红木圈椅，至今在全球市场都广受欢迎的造型。

明代家具，黄花梨四出头官帽椅。

《听琴图》，北宋赵佶，从图中可见宋式家具崇尚简洁方正。

经典西式家具：东方人重感性，西方人则更重视计算、归纳、综合分析的理性。20世纪西方家具设计在现代设计理念的指导下，在解决物与物关系的同时，更重视解决物与人的关系，不仅重视造型、装饰、色彩、材料等艺术范畴的设计，而且更重视家具对人的心理、生理的作用，使家具成为可以批量生产的工业产品。

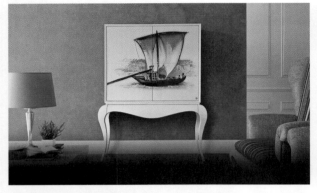

系列葡萄牙品牌家具

艺术和工艺运动时期的家具。
西方的家具重视人与物的关系，符合人体工程学，选材多样，造型百变，使用舒适。

现代家具的先锋人物奥地利人米切尔·蒂奈特（Michael Thonet，1796—1871年）：1819年蒂奈特在德国莱茵河畔的博帕德小镇建立维也纳家具制造公司，是曲木家具制造领域最重要的创新者。1841年蒂奈特发明了以加热状态下将胶合在一起的几层薄木弯曲造型的新工艺，这种热压法可以将家具生产过程中必要的零件数量减到最少，比手工雕刻的成本降低许多。蒂奈特家具的最大特点是物美价廉，适合大批量生产，便于运输，易于拆装。

米切尔·蒂奈特设计的弯曲椅子

英国设计师爱德华·威廉·哥德温（Edward William Godwin，1833—1886年）：他是较早开始简洁风格家具设计的设计师。1854年成立了自己的建筑事务所，并完成了大量室内陈设设计。1884年他为著名文学家奥斯卡·维尔德（Oscar Wilde）完成了伦敦寓所的室内设计，在家具陈设的设计中，以古埃及家具风格为基础简化造型，创造出一批形式高雅、造型简洁的家具。

爱德华·威廉·哥德温设计的椅子

西班牙新艺术运动的代表人物安东尼奥·高迪（Antonio Gaudi，1852—1926年）：作为独具艺术风格的建筑师和设计家，凭着敏锐的思维，高迪在他的家具设计中加入自然界的各种有机形态，在当时成为西班牙文化的象征，高迪设计的"Casa Calvet扶手椅"同他的建筑设计一样别具一格，设计打破传统观念，心形靠背、弯曲的扶手臂、球茎形的椅脚，无不显示出西班牙辉煌的设计文化。

安东尼奥·高迪设计的房子

比利时杰出的建筑设计师维克多·霍塔（Victor Horta，1861—1947年）：他主要从事建筑和室内设计，他的设计注重装饰，受自然植物所启发，装饰的造型基础为叶、枝蔓、卷草所组成的富有韵律的线条图案。19世纪90年代霍塔设计了一大批私家住宅，尤其注重室内软装部分的设计，包括地毯、灯具、绘彩玻璃，家具则最具代表性。他的代表作"泰塞尔旅馆"的设计中，霍塔以自然曲线为主要构成元素，摒弃古典装饰传统，最后创造出风行一时的"霍塔流线"，并在其家具设计中表现尤为明显。

维克多·霍塔设计的泰塞尔旅馆

德国彼得·贝伦斯（Peter Behrens，1868—1940年）：德国是现代设计的最直接发源地，德意志制造同盟的核心人物彼得·贝伦斯在建筑、家具、平面设计、纺织品设计、玻璃设计、工业设计多方面均有划时代的建树，贝伦斯在1900年设计的自宅扶手椅和1902年设计的Wertheim餐椅都体现出德国现代设计在机械肯定论和以肯定机械时代为目标的优质设计方向所做出的努力。

| 彼得·贝伦斯设计的家居用品和Wertheim餐椅

弗兰克·劳埃德·赖特（Frank Lioyd Wright，1867—1959年）：它在设计中提出"草原式风格"和"有机设计"的理论，成为现代设计先驱，其创作时代经历了现代设计发展的不同阶段。他认为，在室内软装设计中，不仅要合理安排各个功能空间，使之便利日常生活，更重要的是通过设计增加室内的内聚力，使室内环境更具凝聚力。1955年他设计的"塔里埃森"系列家具都是适合工业化批量生产的，他设计的高靠背椅、孔雀椅，都偏重于从形式上与室内风格协调。

| 弗兰克·劳埃德·赖特设计的约翰逊写字椅

| 弗兰克·劳埃德·赖特设计的孔雀椅（帝国酒店）

德国设计师沃尔特·格罗皮乌斯（Walter Gropius，1833—1969年）：他是第一代现代建筑大师，也是20世纪最重要的设计教育家，他同时也对家具设计有相当投入的研究。1923年他创办的包豪斯学校设计校舍，并为校长办公室设计了一件扶手椅，手法大胆，表现出结构主义观念对其设计的影响。

| 沃尔特·格罗皮乌斯创办的包豪斯学校

丹麦学派的阿诺·雅克比松（Arne Jacobsen，1902—1971年）：以他1951—1952年间设计的三足"蚁椅"成为他设计生涯中一个转折点，"蚁椅"是丹麦第一件能完全用工业化方式批量制作的家具。20世纪50年代后期，雅克比松承接了北欧航空公司设于哥本哈根市中心的皇家宾馆，雅克比松设计了从建筑室内到家具陈设的所有细节，其中"蛋椅"和"天鹅椅"成为两件雕塑艺术品一般的家具。

| 蛋椅

| 天鹅椅

意大利孟菲斯设计集团的领导者艾托·索特萨斯（Ettore Sottsass，1917—2007年）：他是一位秉承实验高于实用的开放思想的设计巨匠，他设计了卡萨布兰卡餐柜（Casablanca）、卡尔顿书架（Carlton Bookcase）等一批拼贴组合、奇形怪状、色彩斑斓，却没有放置物品功能的家具。这些家具都使用塑料贴面，像一个彩色的雕塑。"Nine"系列椅子，是索特萨斯2007年设计的以镁铝为材质的家具，这组椅子包括可折叠椅、扶手椅、吧台椅、可旋转的工作椅。

| 艾托·索特萨斯设计的椅子 | 艾托·索特萨斯卡尔顿书架 | 孟菲斯时期的Tahiti台灯 |

芬兰家具设计大师艾罗·阿尼奥（Eero Aarnio）：他自20世纪60年代开始用塑料进行实验，让家具告别了由支腿、靠背和节点构成的传统设计形式。与自然纹理木材相反，他用鲜明的、化学染色的人造材料使人们得到了很大的乐趣。

他的许多作品有着享誉全球的国际知名度，并获得许多工业设计奖项。例如，他在1963年设计了著名的球椅（Ball Chair），这是张以玻璃纤维制成的球形椅子，很快被大量地制造生产。而玻璃纤维，成为阿尼奥设计时最喜欢使用的素材。其他代表作品还包括有糖果椅（Pastil Chair）、蕃茄椅（Tomoto Chair）和极富未来感的泡泡椅（Bubble Chair），是波普风格爱好者不可不知的设计大师之一。从圆形的球状体中挖出一部分使它变平，可以形成一个独立的单元座椅，甚至形成一个围合空间。这是阿尼奥的基本创意手法。阿尼奥完全抓住了那个时代最动人心弦的精神，从而使他的"球椅"成为一种时代的象征。

阿尼奥又陆续推出了引人食欲的糖果椅（Pastil Chair）、极富未来感的透明泡泡椅（Bubble Chair，1968年）、能够勾起童心的马驹椅（Pony Chair）。他的幽默感也是丰富之极，在马驹椅诞生后30年，一个名叫Tipi，长得像小鸟的黑色动物出现在他的脑海中，Tipi椅由此问世。阿尼奥说"座椅不应该仅仅是椅子，它应该成为房间里一件有趣的点睛之物"，之后他又推出了焦点椅（Focus Chair）以及专为办公室白领设计的可以得到身心放松的方程式座椅（Formula Chair）。

| 球椅 | 蕃茄椅 | 马驹椅 | Tipi椅 | 透明泡泡椅 |

英国新一代解构主义建筑大师扎哈·哈迪德（Zaha Hadid，1950—2016年）：她是当代世界建筑界的传奇人物，她获得了世界顶级建筑设计竞赛多项大奖，如中国广州歌剧院、德国斯特拉斯堡电车站、丹麦哥本哈根博物馆、美国辛辛那提艺术博物馆等建筑设计，并完成了一批家具和内部陈设艺术创意。

作品分享

当代大师经典家具鉴赏

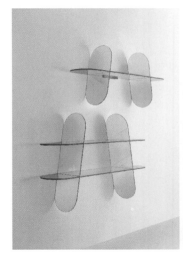

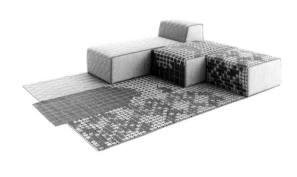

作品分享

纽约私人府邸

设计公司：ODA建筑事务所
摄影师：弗兰克·乌德曼

"私人府邸"为曼哈顿最大的公寓楼之一。90层楼的高天之际，全方位的开放，360度的视角，静观纽约城市的天际线。偌大的空间也成了一座弘阔的私人艺术博物馆。宏伟的空间，以业主"纽约漫行"为主题。

步入其间，首先经过的是一个"禅意"花园。动线设于东部，风景独好。东河、皇后区、布兰克林区、机场、联合国大厦，一一映入眼帘。居家的生活如同漫步于纽约。

花园位于东部，恰好凌驾于东河之上，不但连接起东河与空间中

央的泳池，还借助于瀑布的设计，引水直上。借助于主轴，空间一分为二。南面为隐私区，其余为娱乐区。娱乐区设有影音室、品酒室、雪茄室、投影室、休息室等。属性完全不同的用材、质感运用于整个空间。徜徉其中，尽享坐拥城市之巅的无限豪情。室内放置的家具也多为国际知名设计师的经典之作，简约的造型、纯净的色彩、非凡的品质，堪称艺术品。

6.2 十大经典家具风格

6.2.1 巴洛克式家具——雄浑厚觉

用曲面、波折、流动、穿插等灵活多变的夸张手法来创造特殊的艺术效果，以呈现神秘的宗教气氛和有浮动幻觉的美感。路易十四钟爱的浪漫法式家具，多是在浪漫、热情里展现艳丽的造型，颇具王室的豪华气派。这种家具的风格被称为"巴洛克"风格。巴洛克样式雄浑厚觉，在运用直线的同时也强调线形流动变化的特点。这种样式具有过多的装饰和华美浑厚的效果，色彩华丽且用金色予以协调，构成室内庄重豪华的气氛。"巴洛克式家具"色彩很强烈，其中又以金色为其主色，好用镀金或金箔来装饰，显得金碧辉煌。

适合空间类型：由于家具造型富丽而又复杂，故它较为适合在大型别墅、宅院、高档的酒店大厅等空间中运用，不适用于较小的室内空间。

思丽克品牌家具　　　　　　　　　　　　CROWN品牌家具

作品分享

佛罗伦萨四季酒店

佛罗伦萨四季酒店的前身——格拉黛斯卡宫可追溯至1473年，是由佛罗伦萨最有名望的美第奇家族于1490年委托建立，后成为教皇利奥十一世的住处，这座庄园以富丽的装饰和雕刻、圆柱和穹顶穿插形

成曲面空间而闻名于世，是具有典型的巴洛克建筑风格的经典建筑。经过7年的修缮，这座著名的具有典型的巴洛克建筑风格的格拉黛斯卡宫被改建成为四季酒店，于2008年6月正式对外开放，连续多年被评为最美的酒店。迈入庄严堂皇的门廊，就仿佛走进了艺术馆，四周壁画美轮美奂，尤其是皇家套房装饰更加精美，墙上壁画由Baldassare Franceschini绘制，在佛罗伦萨圣十字大教堂也可以看到他的作品；地面上铺的是意大利马约利卡陶瓷；巨大的浴室曾经是意大利南部铁路总督的办公室；墙上浮雕更是金碧辉煌。

参考资料：新浪博客，巴洛克风格元素分享 居尚中国

■145 ◇

6.2.2 洛可可式家具——细腻柔媚

洛可可风格极具女性的柔美气质，最明显的特点就是以芭蕾舞为原型的椅子腿所表现出的秀气、高雅，以及融于家具当中的韵律美。而且它还具有微细、轻巧、华丽和繁琐的装饰性的特征；并运用了C形、S形或漩涡形的曲线和轻淡柔和的色彩。影响着十八世纪的欧洲各国，为腐朽没落的封建贵族服务。

适合空间类型：由于洛可可家具的最大成就是在巴洛克家具的基础上进一步将优美的艺术造型与功能的舒适效果巧妙地结合在一起，形成完美的工艺作品。特别值得一提的是家具的形式和室内陈设、室内墙壁的装饰要完全一致，形成一个完整的室内设计的新概念，所以它一般适用于豪华酒店、大型别墅。

洛可可风格家具柔媚、轻巧、动人，仿如中世纪的贵妇，精心装扮，细腻入微，一颦一笑，风情绮旎，妩媚迷人。

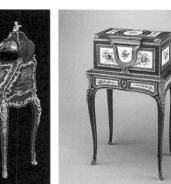

6.2.3 欧式新古典式家具——风神韵致

欧式新古典家具在古典家具设计师求新求变的过程中应运而生。设计师将古典风范与个人的独特风格和现代精神结合起来，使古典家具呈现出多姿多彩的面貌，意大利新古典主义风格激情浪漫、西班牙新古典主义风格摩登豪华、美式新古典主义风格自由粗犷，成就了欧式新古典多元化的风格。欧式新古典家具摒弃了过于复杂的肌理和装饰，简化了线条。它虽有古典的曲线和曲面，但少了古典的雕花，又多用现代家具的直线条。

白色、咖啡色、黄色、绛红色是欧式风格中常见的主色调，少量白色糅合，使色彩看起来明亮、大方，使整个空间给人以开放、宽容的非凡气度。欧式新古典家具品牌金凯莎既保留了古典家具材质、色彩的大致风格，将古朴时尚融为一体，是新古典家具这一特点的生动体现。

苏州水岸西式秀墅，设计公司：玄武设计

新古典风格家具：摒弃了传统古典家具过于复杂的肌理和装饰，传承鼎新，以简饰繁。

Banner品牌家具

Savio Firmino品牌新古典风格家具，清新甜美。

适合的空间类型：酒店家具家庭化。欧式新古典家具作为一个传承久远、不断有新变化的活力充沛的流派，在当代的一个显著的新变化即欧式新古典家具设计中有"酒店家具家庭化"的设计概念。在纽约、伦敦等时尚之都，奢华的酒店大堂和会所已成为新的时髦聚会场所，拥有典雅、端庄气质的新古典家具，实现了"酒店家具家庭化"。

SILIK品牌家具华美庄重。

6.2.4 现代简约式家具——简洁明快

简约式家具起源于1919年德国包豪斯学院的基本设计理念，包豪斯试图采用科学的方法，将艺术分解成不同的元素，然后有系统地加以运用、创作，并且坚信金属、夹板、塑料、玻璃等新式材料，借由工业设计制作过程，能大量地生产兼具美学与经济实用的家具。因此现代简约风格的家具，强调设计的中心是功能性；讲究的是设计的科学性与使用的便利性；更多采用新型材料和新型工艺，如以钢化玻璃、不锈钢等新型材料作为辅材；以中性色系为主，无规律地加入一些几何图形等元素。其特点是既简约、实用、美观，又具有质感与内涵。

适合的空间类型：无论房间多大，一定要显得宽敞。不需要繁琐的装潢和过多家具的摆设，在装饰与布置中最大限度地体现空间与家具的整体协调。家具造型上多为几何结构。

现代简约风格的椅子，形态多样，造型别致。

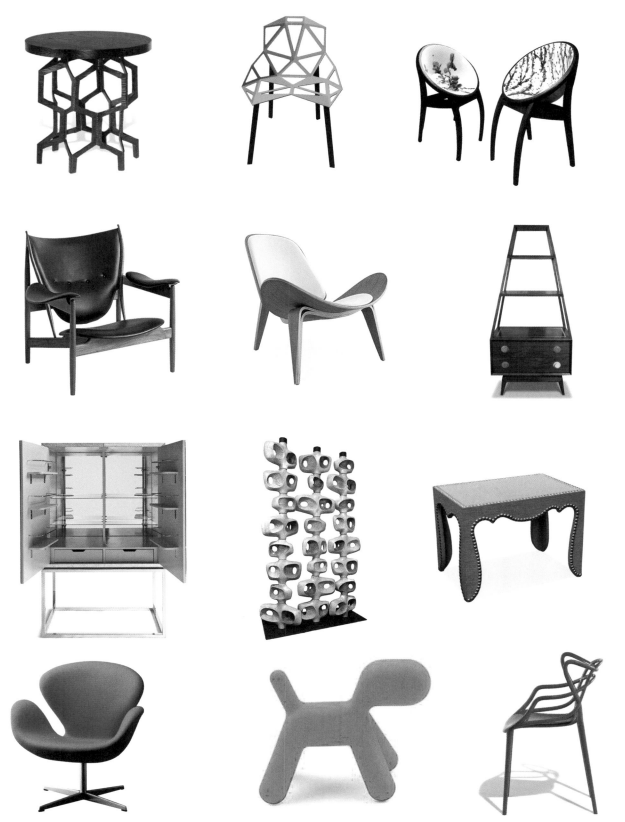

6.2.5 北欧极简式家具——清爽优雅

北欧极简式家具尤为典型，它的线条利落简洁，除了橱柜为简单的直线直角外，沙发、床架、桌子亦为直线，不带太多曲线条，造型简单，毫不夸张但是富含丰富的设计或哲学意味。色彩多为单色，黑与白是极简主义的代表色，而灰色、银色、米黄色等原色，以及无印花、无图腾的整片色彩带来另一种低调的宁静感，沉稳而内敛。

材质更多样化，木质、皮质是家具主要的基本材质，而在极简主义的家具中，更可见到现代工业的新材质，如铝、碳纤维、塑料、高密度玻璃等，为家具增添了各种可能性，如防水、耐刮、轻量、透光。强烈设计的功能，虽然线条与颜色简单，极简家具的功能可不简单！例如在可塑性最高的椅子部分，极简设计的椅子多有功能性，可自由调整高度、变化造型；床架可打开成为另一处置物箱；橱柜打开后收纳功能强、桌椅可拉开变宽……

适合的空间类型：挑选家具时，并非一味掌握简单造型，极简主义的精神是讲究质感与优雅。所以，在材质的挑选上，要注意其品质，例如沙发缝制接边细致、木质接边的磨工、上色的均匀度或是单品的设计精神。例如Rolf Benz的高级牛皮沙发，是最经典的代表。

其次在家饰布艺方面，单色系最好。如果在布上有着细致的花纹，最是低调的精致呢！寝具亦然，纯棉、纯丝的柔软触感，最能透露出品位，Ley Miyaki的寝具便为一例。由于极简风格清爽，适当摆设简单杂货或盆栽，让极简空间产生画龙点睛的效果，例如一束优雅的兰花或海芋、高质感的瓷器、色彩不夸张的图，Joyce里的花艺设计值得参考。由此可见，空间必须是比较宽敞明亮的住宅、别墅等。

北欧风情的家具设计简洁，用料舒适。

项目名称：和风雅颂别墅样板房
设计公司：上海无相室内设计，摄影：三像摄/张静

6.2.6 美式乡村式家具——豪放淳朴

色彩及造型较为含蓄保守，以舒适机能为导向，兼具古典的造型与现代的线条、人体工学与装饰艺术的家具风格，充分显现出自然质朴的特性。在室内环境中力求表现悠闲、舒畅、自然的田园生活情趣，也常运用天然木、石、藤、竹等材质质朴的纹理。巧于设置室内绿化，创造自然、简朴、高雅的氛围。它在古典中带有一点随意，摒弃了繁琐与奢华。

适合的空间类型：美式乡村风格的房子一般尽量避免出现直线，拱形的垭口，门、窗圆润可爱，营造出田园的舒适和宁静。在配饰上，各种花卉植物、异域风情饰品、摇椅、田间稻草、铁艺制品等都是乡村风格中常用的东西。

美式乡村风格摒弃了繁琐和奢华，将不同风格中的优秀元素汇集融合，以舒适机能为导向，强调"回归自然"，使这种风格变得更加轻松、舒适。

在面料、沙发的皮质上，强调它的舒适度，让人感觉更宽松柔软。

家具以殖民时期为代表，体积庞大，质地厚重，坐垫也加大，彻底将以前欧洲皇室贵族的极品家具平民化，气派而且实用。

6.2.7 英格兰田园式家具——浓郁的怀旧自然风格

英式实木家具造型典雅、精致优雅。田园乡村风格是广有知名度的英式实木家具。花草的配饰、华美的布艺和小碎花图案衬托出英式乡村浪漫宁静的氛围。英式乡村风格大约形成于17世纪末期，家具设计简洁大方，没有法式家具装饰效果那么突出，但还是免不了在一些细节处做出处理。柜子、床等家具色调比较纯洁，白色、木本色是经典色彩。英式的手工沙发非常著名，它一般是布面的，色彩秀丽，线条优美，注重面布的配色与对称之美，越是浓烈的花卉图案或条纹越能展现英国味道。和法式乡村风格的家具一样，柔美是主流，但是很简洁。

适合的空间类型：强烈的乡村风格给人的视觉感官以极其深刻的印象。自然主义是乡村色彩丰富的调色板上最基本的元素，门的处理及质朴材料的运用、对比色的运用、灯光的运用等，无处不体现出浓郁的乡村风格。由此可以运用到主题性餐饮、酒店、住宅等空间之中。

英式风格家具
家具设计简洁大方，保留了唯美的曲线造型，简化了硬作装饰，在布料上多有创新的应用。

卧具：英式的成人床具多以高背床、卧具床为主。

布艺：英式田园家具的一个重要特点在于华美的布艺及纯手工的制作。布面花色秀丽，多以纷繁的花卉图案为主。碎花、条纹、苏格兰图案是英式田园风格家具的永恒主题。

材质：英式实木家具多以桦木、楸木等做框架，优雅的造型、细致的线条和高档油漆处理，使每一件产品优雅含蓄。

6.2.8 地中海式家具——浪漫温情

首先地中海式风格家具最为明显的特征之一是家具上的擦漆做旧处理，这种处理方式除了让家具流露出古典家具才有的质感，更能展现出家具在地中海的碧海晴天之下被海风吹蚀的自然印迹，在客厅一侧的休闲区摆上这样的家具，再用绿色小盆栽、白陶装饰品和手工铁烛台装饰一番，便可以形成纯正的乡村感。

卧室中选用的铁艺床，其材质很符合地中海风格的独特美学。然而在具有代表性的地中海式的厨房空间中，在彩色陶砖的铺装下，与低彩度、线条简单且修边浑圆的实木家具或藤类等天然材质地映衬下，空间尽显浪漫多姿。

适合的空间类型：地中海风格的基调是明亮、大胆、色彩丰富、简单、民族性强、有明显特色。重现地中海风格不需要太多的技巧，而是保持简单的意念，捕捉光线、取材大自然，大胆而自由地运用色彩、样式。地中海式家具可在中小户型住宅、小型酒店套房、餐厅等空间中运用。

地中海清爽空间
地中海风格的空间清爽怡人，色彩明丽，如海上凉爽的风，吹过坡上灿烂绽放的花枝。

作品分享

希腊米科诺斯岛圣·乔治酒店

设计师：Michaef Schickinger、Annabell Kutucu

地中海沿岸的建筑像地中海的波浪，自由舒展、错落有致。地中海风格的建筑特色是拱门与半拱门、马蹄状的门窗。建筑中的圆形拱门及回廊通常采用数个连接或以垂直交接的方式，在走动观赏中，出现延伸般的透视感。希腊地中海沿岸对于房屋或家具的线条不是直来直去的，显得比较自然，因而无论是家具还是建筑，都形成一种独特的浑圆造型。在室内家具的选择上则尽量采用低彩度、线条简单且修边浑圆的木质家具。地面则多铺赤陶或石板。

圣·乔治酒店位于一片美丽和谐的沙滩上，最初由当地渔民于20世纪90年代建造，后来，酒店被德国人Thomas Heyne、Mario Hertel（天堂俱乐部的所有者）和Markos Daktilidis（天堂沙滩度假村的所有者）收购。

整个项目的内部设计，是由Design Hotels前创意总监Michaef Schickinger和柏林总部的设计师Annabell Kutucu完成。酒店设计体现极简主义风格，房间通风性好，布满具有当地特色的艺术品，室内颜色自然，与外部纯白的颜色相互补充，酒店可以说是希腊自然景观的代名词。一进入酒店大厅，浓浓的希腊风情就迎面而来。接待处的背景墙用了很有特色的木材铺设而成，接待处的前面更是放了三个吊椅，相当有趣味性和吸引力。酒店的餐桌和地毯，体现着希腊独有的民族特色。酒店客房的布置也是遵照希腊风格而设计的，客房布置简约大方，典雅而不失趣味。客房的大吊灯造型奇特、时尚，非常吸引人的眼球。

6.2.9 东南亚式家具——简单明朗的地域风情

东南亚风格家具最常使用的实木、棉麻以及藤条等材质，暗香浮动，它的自然、飘逸犹如花香随风而来。将各种家具包括饰品的颜色控制在棕色或咖啡色系范围内，再用白色全面调和是主要特征之一。东南亚式的设计风格，正是因为其崇尚自然、注重手工工艺而拒绝同质的精神，颇为符合时下人们追求健康环保、人性化以及个性化的价值理念，其制作工艺崇尚自然，每一款都流露着工匠的精心，如衣柜多采用交错的拼格图案设计，简洁又不失层次感，富于变化。家具以原藤、原木的色调为主，大多为褐色等深色系，在视觉感受上有泥土的质朴，加上布艺的点缀搭配，非但不会显得单调，反而会使气氛相当活跃；另外，在设计上逐渐融合西方的现代概念和亚洲的传统文化，通过不同的材料和色调的搭配，令其在保留自身特色之余，产生更加丰富多彩的变化。东南亚风格家居是一种地域风情、地域文化的延伸，它结合

了处于热带的东南亚岛屿特色和精品文化品位。在设计中，采用大量的大自然材质，体现异国情调以及神秘、宁静、清雅、放松的居住氛围。随着各国活动的交流往来，东南亚风格家居也逐渐吸纳了西方的现代概念和亚洲的传统文化精髓，呈现了更加多元化的特色，在家居设计界独具一格。

适合的空间类型：由于东南亚国家在历史上多受到西方社会的影响，而其本身又凝结着浓郁的东方文化色彩，因此所呈现出来的样貌也往往具有将各种风格融于一体之妙。并因其注重细节和软装饰、喜欢通过对比达到强烈效果的特点，特别适合作为一种元素混搭在居室的整体环境里，或者作为一种风格基调而将其他元素统一其中。因此东南亚式家具可在中小户型住宅、小型酒店套房、餐厅等空间中运用。

东南亚家具崇尚自然、注重手工工艺，常使用实木、棉麻以及藤条等天然材质。

巴厘岛水明漾别墅

设计公司：费兰德私人室内设计

本案别墅位于巴厘水明漾，空间开阔，距海滩250米之遥，步行数分钟即可抵达世界著名的Ku De Ta餐厅。内设4个客房，并设客厅、饭厅、多媒体室及主套。

水明漾地区别墅众多，为尽显巴厘现代风情，诸空间没有盲目跟风，极尽时尚风尚。但本案设计，一反常规，在巴厘别样风情中融入平和气韵，创造另一人间天堂。

天然的材质、定制的沙滩椅、珊瑚、珍珠母贝，造型古朴的家具，色彩明丽的图案运用于空间。因为特色，才显时尚，这才是巴厘水明漾的真正风情。

巴厘岛乌布曼达帕丽思卡尔顿隐世精品度假酒店

酒店藏身于巴厘岛乌布恬静的梯田深处，沿阿漾河优美的曲线优雅展开，迷人的梯田历历在目、阵阵稻香缠绵不息。这里因汇聚艺术、手工艺、精心建造的庙宇及自然风光而享有盛名，曼达帕丽思卡尔顿隐世精品度假酒店集巴厘岛的魔力和避世之所的安静于一体，从25栋别墅和35间套

房内口可以饱览稻田风光。房间内装潢尽显强烈的印度尼西亚风格，独特的巴厘岛家具和绘画等装饰品，让人目不暇接。室内的家具简朴自然，选材自然朴素，质感层次多样。富有民族风情的装饰，让室内异彩纷呈，却也不失宁静舒适。草木葱茏的起伏群山、阿漾河，以及翠绿的稻田，让人犹如置身于摆脱尘世纷扰的天堂。

中式禅意风格家具
具有中式禅意风格的家具，造型轻盈，质朴天然，传递出东方传统文化的庄重、优雅、克制、有序。

新中式风格是把中国传统风格糅进现代时尚元素的一种流行趋势。这种风格既保持了中国的传统，又有时代感。新中式风格不是纯粹的元素堆砌，而是以现代人的审美需求来打造富有传统韵味的事物，让传统艺术的脉络传承下去。区别于传统中式风格，新中式家具既符合现代家具的时代气息，又带有浓郁的中国特色。新中式家具在造型上既摆脱了中国明清家具传统的雏形，又饱含着中国传统文化的风韵，反映出中华民族朴实无华、温情大气的文化特征。新中式风格在设计上继承了唐代、明清时期家居理念的精华，将其中的经典元素提炼并加以丰富，同时改变原有空间布局中等级、尊卑等封建思想，给传统家居注入了新的气息。刻板却不失庄重，注重品质却不苛刻，这些构成了新中式家具的独特魅力。

适合的空间类型：新中式家具适用于任何空间。它是通过对传统文化的认识，将现代元素和传统元素结合在一起，让传统艺术在当今社会得到合适的体现。

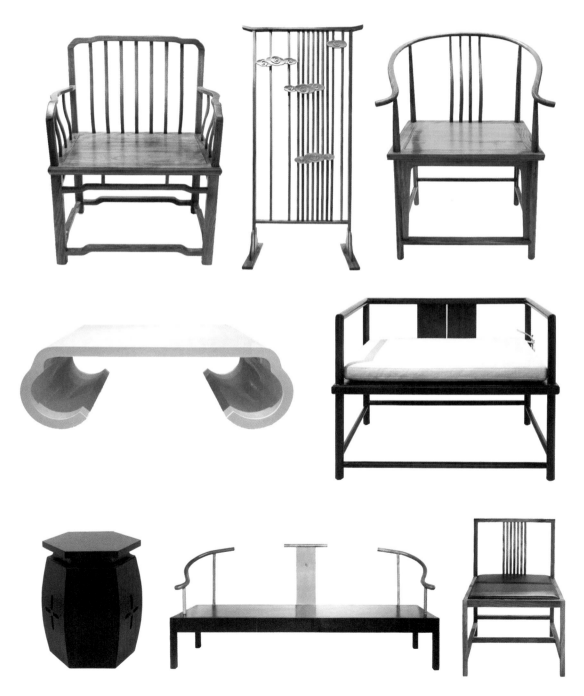

6.3 家具的选择与布置

同一室内的家具在使用上都是需要相互联系的，如餐厅中餐桌、餐具和食品柜，书房中书桌和书架，厨房中洗、切等设备与橱柜、冰箱、炉灶等，根据以人为本的原则，满足在空间中操作效率的流畅等活动规律来确定家具的布置形式。

空间是否完善，只有在家具布置以后才能真实地体现出来。在遇到空间有某种缺陷的时候，如过大、过小、过窄等，经过家具的合理选置，可以改善原有空间的面貌而得到提升空间美学的效果。在如今热卖的较小户型的住宅空间中，家具一般选择体块适中的尺度，家具的风格多为简单明快的风格形式，并以靠墙布置的方法来提升空间舒适度，装饰要不以过多为理念，才能实现整个空间美与功能性的统一。

深圳湾一号，设计师：梁志天
厨房中洗、切、煮等设备与橱柜按操作顺序排列，可提高效率，并操作顺畅，同时冰箱、炉灶、微波炉等厨房电器的集成，也根据以人为本的原则。

6.3.1 识别空间性质来选择家具

空间的性质决定家具的使用功能，应根据室内空间的特点、用途来选择款式适宜、体量适当、数量适中的家具。

合理安排空间位置尺度：室内空间的位置环境、空间功能各不相同，可供摆放的家具也就不同，在位置上有靠近玄关、室内中心地带、沿墙地带、靠窗地带，以及室内后部地带。各个位置的环境如采光效果、交通环境影响、对室外观景的程度各不相同，结合不同家具在室内空间中的功能来合理安排空间位置尺度。如玄关处一般摆放边桌、封闭式玄关柜、抽屉式玄关桌、斗柜等，起到装饰性与实用性相结合的作用。客厅沙发一般有如下几种摆放方式：根据电视墙或壁炉为主的摆放形式；休闲组合娱乐型摆放形式；作为视觉中心亮点的特殊造型选置形式等。

美国亚历桑那"小雅居"，设计师：邦妮·萨克斯
客厅沙发围绕壁炉而设，适应当地气候，取暖之余，易于家人融洽亲情。

6.3.2 "宁缺毋滥"——家具数量原则

现代家具的比例都应和室内净高、门窗、窗台线、墙裙密切配合，以使家具与整个室内空间环境形成统一的有机整体。家具的数量通常根据房间的使用要求和房间面积大小来确定。一般办公室、居室的家具占地面积的30%~40%，当房间面积较小时，则可能占到45%~60%。空间的疏密布局，首先是满足功能需求，其次是彼此的协调。疏有疏的开阔，密有密的丰富。

美国亚历桑那"小雅居"，设计师：邦妮·萨克斯
客厅的一角密集地布置了书柜与写字台，虽然紧密，但空间井然有序，牛头装饰体现重口味。

美式家庭厨房
美国人把餐桌放进厨房，旁边是半圆观景窗，既亲密又热闹，风景美好，也令人胃口大开。

6.3.3 家具组合方式

无论室内空间要满足何种使用需求，基本上都是围绕着人的活动来设计，其中包括满足人际交往与人际关系的活动，如家庭会客、办公交流、宴会聚餐、会议讨论等。家具设计和布置，如座位布置的方位、间隔、距离、环境、光照，都是要满足人与人之间舒适交往的规范范畴。不同的家具形式、不同的围合环境所产生的心理感受，如领域感、私密感、安全感也不尽相同。

高级公寓
对称的布局，庄重而有序。

客厅一角
墙上的装饰形成一定的韵律，丰富空间的感官感受。

作品分享

财富公馆·御河城堡
软装设计：LSDCASA

近年来中国设计思潮发展非常迅速，人们对设计的要求不再停留在某设计风格的样式表层，从单一的追随转向思考和面对自身的独特需要，注重挖掘能对应精神认同层面的需求和设计本身应有的人文关怀。

LSDCASA在接手本案的改造工作时，延续建筑及室内的新装饰主义风格为基础环境，续写丰沛的美学力量空间，以匹配财富阶层应有的生活方式。当今世界，科技及生活的发展为人们提供了各种程序和解决方案，淡化了单一的设计审美追求，让多元化争

论和质疑互为存在。设计在本案中再次发挥创新的力量，打破既有程式，让单一的权力、财富的显性诉求过渡到生活中对伦理、礼序、欢愉、温暖的需要。

这套1 600平方米的府邸共有三层，从地下一层逐步向上，空间的每一层都有自己独特的功能和对应的趣味与隐喻。

门厅，室内设计的调整配合建筑空间倾向于表现特质与规律的设计意图，保留近似公共空间尺度的压迫感的力量，把墙面常有的明显后现代徽章图案的墙纸更换为有层次及稳定力量的色彩，配

合意大利基于传统审美却又藐视规则、大众习俗的设计和装饰艺术，让空间拥有近似庙宇或会议厅般的神秘庄重。

客厅贯穿门厅的设计风格，设计师在家具陈列上采用了强烈的对称和仪式感。色彩是这里最大的礼赞，以冷艳高贵的钻石蓝与沉稳大气的咖啡色为色彩基调，搭配璀璨的金色和经典的黑白休闲色调。从天花到四周，从家具到靠垫，从饰品到绿植，无不展现待客空间的华贵。

西餐厅以沉着的墨绿色调为主色调，搭配浅绿的窗帘帷幔，点缀蓝色与白色的精致花艺。餐厅一隅，雪白的孔雀拖着一袭长尾妆点着华美的空间，让这座中西交流的空间层次起伏，生机盎然，鸟语花香。独具风格的中餐厅则兼容了大户宴客排场和文人精神，餐厅古典实木家具，精致黑白插画的屏风，辅以餐厅中精美的花艺，糅合出平衡典雅的用餐氛围。

第七章

CHAPTER 7

软装设计中灯具
以及灯光元素

第七章
软装设计中的灯具以及灯光元素

在中国，灯具是文化的物化载体之一，春秋时期就在满足实用需求的同时成为特定时代的礼器，折射出当时社会政治制度。《楚辞》中"兰膏明烛，华镫错些"战国时期就出现了"镫"这一器皿名称。灯具在后来漫长的历史发展过程中，人们不断往其中注入人文内涵，现在灯具能鲜明地表现主人的品位和个性。以下为简介知名设计师的灯具设计。

现代灯

意大利著名设计师埃托·索特萨斯说："灯具不只是简单的照明，它还在讲述一个故事，灯具会以某种意义，为戏剧性的生活舞台提供隐喻样。"正如他在1982年设计了塔希提岛灯和港湾桌灯，天真滑稽的灯具造型成为孟菲斯设计风格的标志。

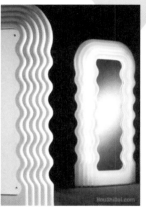
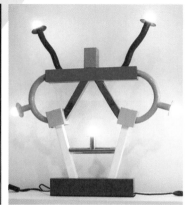

埃托·索特萨斯设计的作品天真滑稽，极富想象力

路易斯·康夫特·蒂凡尼（1848—1933年）。19世纪末，美国新艺术运动的代表人物路易斯·康夫特·蒂凡尼，尤其擅长玻璃日用器皿的设计，在欧洲玻璃设计工艺的基础上，汲取东方设计元素，创作出金属和彩色玻璃镶嵌的"Tiffany"台灯系列。色彩丰富的玻璃造型灯具，使白炽灯的光线变得柔和，青铜底座有树枝造型的装饰，成为19世纪90年代后期美国社会最流行的时尚台灯。

蒂凡尼彩色玻璃镶嵌台灯

包豪斯。1929年，包豪斯艺术设计教育的实践成果中，学生马瑞安·布朗特设计了造型简洁的台灯，白色的玻璃灯罩与金属灯座台灯，体现出包豪斯设计所遵循的功能化、理性化、几何造型为主的工业化设计风格。

包豪斯台灯，包豪斯钓鱼灯

保罗·汉宁森（Poul Henningsen）。20世纪现代科学技术突飞猛进，丹麦设计师保罗·汉宁森设计的以他名字命名的"PH系列灯具"，不仅是斯堪的纳维亚地区现代设计的典型代表，而且也是这一时期新技术与艺术的完美结合，"PH灯"从人体工程学角度出发，灯罩的造型优美典雅，光源需要经过灯罩材料反射才能达到工作面，形成了柔和的效果照明，有效消除了一般灯具所具有的阴影，并对白炽灯光谱进行了有益的补偿，以创造更适宜的光色。同时，灯罩的阻隔在客观上避免了光源眩光对眼睛的刺激，经过分散的光源缓解了与黑暗背景的反差，舒适并设计风格鲜明，至今仍是国际市场的畅销产品，成为诠释丹麦设计"没有时间限制的风格"的最佳注解。

PH灯
汉宁森的成名作是他于1924年设计的多片灯罩灯具，这件作品于1925年在巴黎国际博览会上展出，得到很高评价，并摘取金牌，获得"巴黎灯"的美誉。

北欧设计师Harri Koskinen：1997年在赫尔辛基艺术设计大学读书时设计了经典的Block Lamp（冰块灯），将石英玻璃工艺与LED灯泡光线变化完美融合，在玻璃材料制成的"冰块"中呈现光源带来的温暖和强烈的质感对比。

冰块灯

7.2 灯具风格

按照灯的风格，灯饰可以简单分为现代、欧式、美式、中式四种不同的风格，这四种类别的灯饰各有千秋。

现代灯：简约、另类、追求时尚是现代灯的最大特点。其材质一般采用具有金属质感的铝材、另类气息的玻璃等，在外观和造型上以另类的表现手法为主，色调上以白色、金属色居多，更适合与现代简约的装饰风格搭配。

欧式灯：与强调以华丽的装饰、浓烈的色彩、精美的造型达到雍容华贵的装饰效果的欧式装修风格相近，欧式灯注重曲线造型和色泽上的富丽堂皇。有的灯还会以铁锈、黑漆等故意造出斑驳的效果，追求仿旧的感觉。从材质上看，欧式灯多以树脂和铁艺为主。其中树脂灯造型很多，可有多种花纹，贴上金箔、银箔显得颜色亮丽、色泽鲜艳；铁艺等造型相对简单，但更有质感。

欧式灯
一盏造型独特的灯具，能成为空间的点睛之笔。

美式灯：与欧式灯相比，美式灯似乎没有太大区别，其用材一致，美式灯依然注重古典情怀，只是风格和造型上相对简约，外观简洁大方，更注重休闲和舒适感。其用材与欧式灯一样，多以树脂和铁艺为主。

美式灯

中式灯：与传统的造型讲究对称，精雕细琢的中式风格相比，中式灯也讲究色彩的对比，图案多为如意、龙凤、京剧脸谱等中式元素，强调古典和传统文化神韵的感觉。中式灯的装饰多以镂空或雕刻的木材为主，宁静古朴。其中的仿羊皮灯光线柔和，色调温馨，装在家里，给人温馨、宁静的感觉。仿羊皮灯主要以圆形与方形为主。圆形的灯大多是装饰灯，起画龙点睛的作用；方形的仿羊皮灯多以吸顶灯为主，外围配以各种栏栅及图形，古朴端庄，简洁大方。

贵安溪山温泉度假酒店，红色的灯笼灯，营造热烈欢庆的气氛。

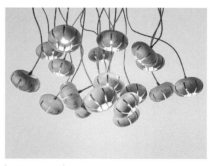

自然风格的中式灯，清新质朴。

天津便宜坊，设计公司：和合堂设计咨询
中式灯笼组合在一起，挂出来也很有韵味。

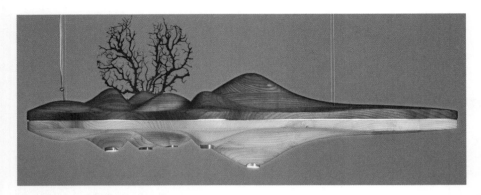

中式灯
山水风格的灯具设计，既是照明，更是悬在空间的风景，创意别出心裁。

眉州东坡酒楼苏州万科美好广场店，设计公司：经典国际设计机构（亚洲）有限公司
苏州园林为主题的餐饮空间，在灯具的选择上不求形似，以神达意。

幸福里入户大堂，设计公司：朗联设计
灯光的照明和装置艺术结合起来，可以创造更加绚丽夺目的效果。

GL10住宅

设计公司：台北玄武设计

设计师：黄书恒、欧阳毅、陈佑
如、张铧文

软装设计：胡春惠、张禾蒂、沈颖

摄影师：赵志诚　撰文：程歆淳

面积：500 m²

主要材料：银狐、黑白根、镜面不锈钢、黑蕾丝木皮、银箔、金箔、进口拼花马赛克、黑白色钢烤

本案为坐落于城市新区的宅邸，既揽有半山的绿意，又拥广场的辽阔视野。玄武设计考虑屋主姐弟与母亲同住的实用需求，以及居住者对于美学风格的爱好，力求使艺术生活化、生活艺术化。最终择以现代巴洛克为基底，以其独有的收敛与狂放，配合玄武擅长的中西混搭——冲突美学，铺陈空间每一根轴线。

尚未进入玄关，已见一座当代艺术作品灵动而立，既巧妙掩饰了半弧形缺角，又以生动的童稚神情，为居所引入活跃的生机；右进，切入高耸柱式与圆形顶盖，视觉猛然挑高，使人豁然开朗，经典的黑白纯色打底，中置网烤定制家具，配合景泰蓝珐琅与定做琉璃，东西文化的灵活互动，为访客带来第二重震撼。

屋主因业务所需，时有交谊与公务之需，特别需要一大气而有趣的客厅空间，活络人际关系。因此，玄武设计着重天然风光与人为艺术的调和，保留大型落地窗与沙发的间距，后者特别选用进口原版设计，呈现简练利落的现代风情。与此不同的是，中央大胆置入以艳紫、宝蓝与金黄三者交织而成的地毯，强化了简约与繁复的冲突美感，亦彰显法式皇家的堂然大度。

抬眼向上，一盏银色花朵灯灿烂夺目，使人倍感震撼，这个取材自苗族银饰的大型艺术品，为玄武设计与当代艺术家席时斌共同创作，外围化用鸢尾花意象，曲折花饰包覆核心，间隙镶嵌彩色琉璃，使打底的银灰色更显时尚，每当开关按下，艺术品外围即有五彩灯光流转，可应不同情境而切换，上缀羽饰的大型银环绕着核心缓缓移动，隐喻着天文学——恒星与行星的概念，呈现着自然与人文的灵动对话。

穿越廊道，可进入屋主的阅读空间。两处各以深、浅色为底，再各自于细微之处缀以相反的色彩进行诠释。如，主卧书房一方面延续着公共空间的半圆形语汇，引导访客进入皮质沙发、深色书柜、石材拼花共构的豪气场域，却相当跳跃的使用清淡色泽织毯，大幅提升空间的律动感；主卧的书房，则纳入半户外的开阔设计，以白色底板铺底，却照样使用黑色书柜与铁灰沙发，抢眼的小号造型灯具，具体而微地体现了屋主喜好，展现内外呼应的生活态度。

应屋主对于公私界线的看重，玄武设计亦将此概念纳入考虑，公共区域的门扉使用白色，予人亲近、纯净之感；进入私人区则以黑色区隔，带有隔绝、凸显正式的意义。进入次要空间，棋牌室与餐厅分居左右，二者均以白色为主调，黑白格地板、经典款水晶灯，搭配巴洛克花纹座椅、鸽灰抱枕，远观近看，各有深意。

为使主客起卧舒适，主客卧房采用一贯的轻柔色泽，再以方向不同的线条勾勒空间表情，如主卧简练的长形线板与金黄床褥、浅蓝地毯相映成趣，减少过度堆栈的冗赘感；其余卧房则以湖水绿、天空蓝为点缀，在纯白、浅灰的基调里，窗帘、床褥与地毯稍有呈现，与牡丹纹床背板的繁复，精致低调的照明灯具，共谱出屋主悠闲淡雅的生活情趣。

◇ 7.3 灯具的功能与分类

7.3.1 灯具的功能

灯具作为整个空间的"眼睛",它的基本功能就是照明。一个令人感到舒适的照明环境,首先需要照度分布合理,室内各个面的反射率适当,光线柔和且无刺眼的眩光。其次要考虑的是灯饰的规格、尺寸、功率、造型、质量和结构。

在满足基本功能的基础上,设计师对灯具的造型、颜色、质地、色温、亮度等都要有所考量。将使用功能、视觉效果及艺术构思,三者有机结合,才能创造出室内陈设艺术彼此协调的气氛和意境。

作品分享

味见日本料理
设计公司:
上海黑泡泡建筑装饰设计公司
设计师:孙天文
摄影师:三像摄 张静

日本料理无论是餐桌上的摆设方式、餐具器皿的搭配,还是整体用餐气氛都极尽严谨,客人在体会味觉之美前,往往先要调动其他感官来享受一番。因此,空间氛围的营造对于一次愉快的进餐体验就显得十分重要。

而新一代时尚料理餐厅极其讲究精美、雅致,餐厅的装潢、气氛格调、餐具还有食物的摆设都与博大精深的料理文化相得益彰。味见日本料理空间的设计可谓是一个于简单里见功夫的案例,设计师尝试采用简约的手法去演绎时尚、理性且精准的创意,营造出一个充满现代禅意的日式料理空间。如此鲜明的格调似乎让一种独特的气质美感飘散在整个空间里,不仅滋养了空间,更为人们奉上一场丰富的视觉与心灵的飨宴。

设计时人为地加长了入户长度,让空间多了一些安静的气息。在用材方面,餐厅以吉林当地花岗岩和硅藻泥为主。大厅散座区,卷

起一角的花岗石悬挑，颠覆了材料的特性，起到了柔化空间的作用。1.4米宽的木板搭配现代日式的艺术画，以及餐桌上的日式餐具器皿，增添了空间的文化韵味，将美食文化、日本文化和设计特色都融入其中，演绎一场精彩绝伦的文化盛宴，让这里变成一个高雅的文化场所。

灯光效果的打造，是本案空间设计的点睛之笔。设计师使用暖色和蓝色两种灯光在不同质地的切面上形成投影，增强了空间的用餐情调与灵动氛围。同时也满足了不同时段功能需求，创造了独特的视觉效果。

7.3.2 灯具的色温与显色性

色温的概念不能从字面上理解它是"色的温度"。因为色温是表明白光光源光谱成分的标志，生活中的可见光多数是热辐射体发出的，如太阳光、灯光和蜡烛光等都是白光。当光源发射光的颜色与黑体在某一温度下辐射光色相同时，黑体的温度称为该光源的色温。

光色越偏蓝，色温越高；光色偏红则色温降低。一天当中光的光色亦随时间变化，日出后40分钟光色较黄，色温3 000 K；下午阳光雪白，上升至4 800~5 800 K；阴天正午时分则约6 500 K；日落前光色偏红，色温又降至2 200 K。

购买灯具时，不但要考虑照度，色温也是非常重要的灯具选择标准。室内常用的光源色温是2 700 K，即普通白炽灯的色温，其特点是光线温暖，适合用于卧室床头、壁灯等局部照明；3 000 K是最接近自然光的色温，属暖光，光线既温暖又明亮，适用于家中整体照明设计；3 400 K是白光，属冷色光，让人精神集中，适用于办公、学习等场所。

光源的光色包括显色性与色表。所谓显色性，是指光源照射后，显现出被照物体颜色的性能，即颜色显示的逼真程度。色表是指光源所呈现的颜色，如荧光灯灯光看起来像日光色，高压钠灯灯光看上去像是纯白色。显色性好的光源，对物体固有颜色体现真实。反之，显色性较差的光源，对被照射物的固有色偏差较大。

眩光，是指在观察物体时，视野内存在严重的明暗不均匀，或者某一处的亮度变化太大，给眼睛造成强烈的刺眼感受。眩光是评价照明质量的一个重要标准，无论直接眩光还是反射眩光都是灯具设计时需要避免的。

作品分享

光环会所

设计公司：布洛奇建筑室内设计

光环会所位于纽约皇后区的核心地带，即便那些对拉丁风格极具甄别眼光的人来说，本案也属于"翘楚"级的作品。

鉴于各房间原本呈游离状态分布，设计以圆形的手法，将各个部分融为一体。各空间以等距形式依于四周。享乐的人们因此可以得到同等的参与感。

家具设置多以圆形出现。整个空间感觉如同穹顶。从角落能明显感受到华盖般的感觉。有些人工智能灯，外面包裹上反光材质，而有些则以其他材质进行软包。LED显示屏、舞池、楼梯井、夹层、酒吧等均以圆形出现。舞池上方的LED显示屏与上下移动式的吊灯相互衬托。

常来的客人，沿着圆形的动线，感觉整个区域如在浮动。吧台约30米长，红色的软包板内镶嵌着LED射灯。

DJ的所在分明就是个舞台，便于现场演出。音响、光照及其他的体系都是实现整个演出的无缝衔接的必要部分。音响与光照全部配以一流的硬件，便于控制。

7.3.3 灯具的分类

将灯具按使用方式可以分为两大类：固定类灯具和可移动类灯具。固定类灯具主要包括吸顶灯、半吸顶灯、吊灯、固定式壁灯、嵌灯、橱柜灯、射灯、地脚灯、庭院灯等；可移动式主要包括台灯、夹灯、地灯、可移动式壁灯、可移动式射灯等。

（1）吊灯

吊灯适用于客厅。吊灯的花样最多，常用的有欧式烛台吊灯、中式吊灯、水晶吊灯、羊皮纸吊灯、时尚吊灯、锥形罩花灯、尖扁罩花灯、束腰罩花灯、五叉圆球吊灯、玉兰罩花灯、橄榄吊灯等。用于居室的分单头吊灯和多头吊灯两种，前者多用于卧室、餐厅；后者宜装在客厅里。吊灯的安装高度，其最低点应离地面不小于2.2米。

欧式烛台吊灯。欧洲古典风格的吊灯，灵感来自古时人们的烛台照明方式，那时人们都是在悬挂的铁艺上放置数根蜡烛。如今很多吊灯设计成这种款式，只不过将蜡烛改成了灯泡，但灯泡和灯座还是蜡烛和烛台的样子。

水晶吊灯。水晶吊灯有几种类型：天然水晶切磨造型吊灯、重铅水晶吹塑吊灯、低铅水晶吹塑吊灯、水晶玻璃中档造型吊灯、水晶玻璃坠子吊灯、水晶玻璃压铸切割造型吊灯、水晶玻璃条形吊灯等。

中式吊灯。外形古典的中式吊灯，明亮利落，适合装在门厅区。在进门处，明亮的光感给人以热情愉悦的感觉，而中式图案又会告诉那些张扬浮躁的客人，这是个传统的家庭。

时尚吊灯。现代风格的吊灯往往更加受欢迎。

要注意的是：灯具的规格、风格应与客厅配套。另外，如果你想突出屏风和装饰品，则需要加射灯。

| 烟花吊灯，室内设计：SRP Architects & Urszula Tokarska

| 时代云图售楼处，设计公司：柏舍励创

苏州水岸西式秀墅，设计公司：玄武设计

高端住宅，设计师：郑树芬

梯间吊灯，既用作照明，也是装置艺术。

璞舍，设计公司中：派尚设计

（2）吸顶灯

吸顶灯常用的有方罩吸顶灯、圆球吸顶灯、尖扁圆吸顶灯、半圆球吸顶灯、半扁球吸顶灯、小长方罩吸顶灯等。吸顶灯适合于客厅、卧室、厨房、卫生间等处照明。吸顶灯可直接装在天花板上，安装简易，款式简单大方，赋予空间清朗明快的感觉。

东游中国风，设计师：导火牛
宝塔式的吸顶灯与室内的中式主题风格相得益彰。

（3）落地灯

落地灯常用作局部照明，不讲全面性，而强调移动的便利，对于角落气氛的营造十分实用。落地灯的采光方式若是直接向下投射，适合阅读等需要集中精神的活动，若是间接照明，可以调整整体的光线变化。落地灯的灯罩下边应离地面1.8米以上。

| 亚运城二期，设计公司：广州市卡络思琪贸易有限公司

（4）壁灯

壁灯适合于卧室、卫生间照明。常用的有双头玉兰壁灯、双头橄榄壁灯、双头鼓形壁灯、双头花边杯壁灯、玉柱壁灯、镜前壁灯等。壁灯的安装高度，其灯泡应离地面不小于1.8米。

| 香水君澜海景别墅，设计公司：大匀设计

| 苏州新鸿基别墅G户型，设计公司：梁志天设计

佛山时代云图售楼部VIP洽谈区，设计公司：5+2设计

重庆万科悦湾A2洋房复式，设计公司：矩阵纵横

苏州昆山别墅，设计公司：无相设计，摄影师：张静

（5）台灯

台灯按材质分陶灯、木灯、铁艺灯、铜灯等，按功能分护眼
台灯、装饰台灯、工作台灯等，按光源分灯泡、插拔灯管、
灯珠台灯等。

| 苏州水岸西式秀墅，设计公司：玄武设计

| 重庆万科悦湾洋房平层，设计公司：矩阵纵横

7.4 灯具的选择与布置

7.4.1 灯具的照明要求

灯具集装饰、照明、节能于一身，选择灯具应该注意色彩的协调，如冷色、暖色应该视用途而定；灯光的照射方向和光线的强弱要合适；将主灯、副灯相结合，利用灯具的组合烘托室内气氛；合理分布光源，灯光的布置要与顶棚的高度，房间的大小、风格，家具的布置，地面、墙面的色彩、材质相吻合。设计师选择灯具，要掌握不同空间的照明需求。不同功能的室内空间对于照明灯具都有不同的标准。

以家居照明为例，门厅是来访者对室内产生第一印象的地方，灯具可选用造型好看的吸顶灯或样式简洁、光线柔和、明亮的吊灯。生活起居最重要的客厅通常是选用亮度较高的主要照明光源，灯具的造型可选择个性鲜明，并能与其他陈设物品相呼应并且作为空间亮点的装饰。吊灯、吸顶灯满足了主要光源的需要之外，设计师还会摆放落地灯、台灯等作为局部照明及装饰作用。书房的光线应柔和、明亮，最好选用乳白色的书写功能照明，以供学习、工作之用。对于卧室来说，宁静温和的气氛使人有一种安全感，可以采用乳白色或浅色的吊灯、壁灯。在家居空间中非常关键的餐厅区域，设计师可以采用较为柔和偏暖光源的灯具，如采用造型独特、特色鲜明的吊灯来点缀用餐空间；最后的厨房及卫生间都要选择亮度较高的吸顶灯，或者使用嵌入式防雾筒灯。

客厅：黑檀木地板的深沉色彩配以顶棚的明亮色调过渡自然而整体和谐。

卧室：整体色调一致的基础上卧室的空间因灯光的照射更突显温馨与舒适。

餐厅，设计师：Robert Kolenik
造型优雅的灯具在餐厅并列而设，本身就是一道风景。

客厅一角：墙壁的装饰画以射灯进行强化，营造出
艺术的家居氛围。

海滨别墅客厅，设计公司：SAOTA建筑师事务所、奥卡室内设计
不同的灯具有不同的功用，有的隐藏起来用于照明，有的本身就是一件艺术品，主次有分才有好设计。

7.4.2 挑选、布置灯具的一般原则

既然照明离不开灯具，而灯具是照明的集中反映，在挑选灯具时应从居室整体的空间效果出发。随着居室空间、家具尺度以及人们的思想意识、生活方式的不断改变，灯具的光源、材料、风格与设置方式都发生了很大变化。选择适宜的灯具，除了经济因素外还要从整个环境条件及材料的质感与装饰效果来考虑，注意室内照明与环境的统一性。

如客厅比较宽敞，选用风格各异的吊灯可以增添居室的视觉美感，层高较低的房间则宜用吸顶灯来代替累赘的吊灯，使房间不显拥挤。小面积住宅应选用简洁实用的灯具。灯具款式虽然很多，但却离不开仿古、创新和实用这三类。在古典风格的居室中，台灯、吊灯、壁灯应有相应的风格，而在古朴自然的房间则

可选择诸如石料、陶瓷或竹木等天然材料制成的灯具，可谓浑然一体。

生活中工作、学习、娱乐都需要配备相对应的照度标准和灯具形式。如在书房阅读时，配置工作型台灯很适宜。这类台灯一般有可拉伸的长杆来控制亮度。卧室的床头台灯宜选用可调光装置的灯具，或弱或明，满足不同的使用需要。

布置灯具时，要留意光源在空间中的位置。不同角度的投射光线，会表现出不同的视觉效果。光线强弱不同，也会使人对同一空间的大小产生不同的感觉。因此，良好的光照通过具体的照明方式、灯具种类来组织或划分空间，创造和谐的家庭生活氛围。

作品分享

银丰唐郡
14#别墅示范单位

设计公司：成象空间设计
软装公司：成象空间设计
面积：600 m²

背郭园成别有天，盘飧尊酒共群贤。

移山绕岸遮苔径，汲水盈池放钓船。

满院莳花媚风日，十年树木拂云烟。

劝君莫负春光好，带醉楼头抱月眠。

——袁世凯《春日饮养寿园》

每位野心家，都有着不普通的故事，大隐于市，遗世独立。他们有高于寻常生活的山水情怀，有大隐于市的淡然静默。在身心的宁静里，保持心境中的悠然之气。并非世外桃源才有仙气风骨，悠游于都市边缘，亦能自得其乐。

本案以层次丰富的灯光，营造了一个轩然大气的空间。从客厅的枝形群组大吊灯，到餐厅的平行组合吊灯，到各个功能空间的射灯、台灯、壁灯种类多样。满足了空间照明的需求，主体光照，与个体强化，配合中式风格的主题，灯具无论是造型还是装配位置，都恰到好处，令室内空间明亮却不张扬，中式格调的空间应有的庄重大气与宁静豁达，依然能够在光影流溢间品读出来。

7.4.3 灯光搭配

（1）客厅的灯光搭配

首先在居室空间当中，家具的摆设通常都是以电视为主导，人们大多数的休息时间都会在这里活动，然而长久直视电视机，会导致眼睛的疲劳，为了缓解这种压力，设计师会在电视机的背景墙上做辅助灯带，以及壁灯或台灯3级灯源来增加灯影的过渡。其次在沙发上空，通过吊顶空间上的吸顶灯和吊顶作为主要灯源，保证整体空间的室内主要亮度光源，一般为5级强度。灯具

的风格和灯光色彩要与整体空间风格统一。为了更好地满足人们在沙发上的活动需求，一般会在沙发两边摆放台灯或者落地灯来增添局部空间氛围。最后，一般客厅当中，人们会加入展示柜等存储及观赏性较强的摆设，在这些陈设架上陈列小件饰品，如书籍、CD等，为了满足看清物品的细节，会在展示柜上安装射灯，以保证所需的主要光源，如果是陈列架，还需要在其底部安装暗藏灯带，主要是3级光源的氛围灯光。

苏州新鸿基别墅G户型，设计公司：梁志天设计

广州星河湾别墅，设计公司：矩阵纵横

重庆万科城别墅，设计公司：矩阵纵横

（2）餐厅灯光搭配

为了满足人们在餐厅中的饮食活动，以及欣赏美食的色泽，设计师们会在餐桌顶上根据空间尺度、风格来选定灯具的形式。灯光都是统一选择米黄色的暖色调，悬挂的高度要适中，尽量避免阻挡人与人之间的相对视线。

苏州新鸿基别墅G户型，设计公司：梁志天设计

重庆万科城别墅，设计公司：矩阵纵横

（3）书房灯光搭配

为了提高人们的工作效率，书房的书桌上需要摆放一盏可调节高度与方向的工作灯。另外在吊顶空间上，灯光要有主次之分，注重氛围的把握。

苏州新鸿基别墅G户型，设计公司：梁志天设计

燕西华府，设计公司：HSD水平线

（4）卧室灯光搭配

卧室空间属于居室空间中的静态空间，因此对于在这里不需要过多的灯光装饰，尽可能使人们来到此空间能够尽快宁静下来，提高睡眠质量。所以常用床头灯和吸顶灯这两种灯具，避免在吊顶上空安装大型吊灯等灯具。

烟台中海紫御公馆，设计公司：HSD水平线

湖心泊，设计公司：天坊设计

苏州新鸿基别墅G户型，设计公司：梁志天设计

苏州新鸿基别墅G户型，设计公司：梁志天设计

（5）卫生间灯光搭配

卫生间中的灯光设计主要满足洗漱功能，所以主要的灯源要能满足洗脸池的足够亮度，照射角度要正确照射到脸部位置，大部分灯具以暖色调的光源为主。如果卫生间空间足够，室内空间风格需要在镜子两边摆设壁灯来增添氛围；如若空间不够，可以在镜子上方尽量安装两盏筒灯光源或射灯，并且要安装在镜子与人脸之间的吊顶位置，以保证正确的照射角度使人脸色自然。

苏州新鸿基别墅G户型，设计公司：梁志天设计

广州星河湾别墅，设计公司：矩阵纵横

作品分享

中原会馆

设计公司：北京集美组

在历史中往往可以发现这样有趣的现象：当每阶段社会完成一定的资本积累后，人们对身处的物质环境与精神环境便更加挑剔。于是，服务行业不断地提供新的可能，去满足日益苛刻的诉求。然而中原会馆却走在了物质环境与精神环境诉求的前面。

建业集团在追求商业成功的同时，亦主动、敏锐地承担着保护历史文脉的责任；江南村庄里大量拥有几百年历史的老建筑，正在中国城市化进程中逐渐消亡。北京集美组与建业集团一同思考，一同行动，将新旧建筑组合，创造了一种崭新的会所类型，既满足了功能需求，又提供了（在中国）对民间历史建筑保护的新模式。

中原会馆由古董般老房子和新建筑两个部分组合而成。大约600年前的老房子被从很远的南方搬到中土，落脚于此，结合精心设计的钢结构建筑，以空间主题的构架方式出现。她被很好地保护起来，木结构不再承受雨雪，不再担心虫蛀，这个徽派大宅的内部气势和精美是很少有人领会过的。当现代会所的功能需求被巧妙置换于其中后，她的魅力便开始震撼每个来此的人了。新建部分色彩高调，气质低调。每个空间都精心设置了主题，并以非常少见的艺术界面形式展现出来。

本案在保留古建筑精华时，在照明设计上从里到外，从大型艺术灯，到小型照明灯都做了细致的设计与精心的安排，呈现出来的空间氛围既传统又时尚，既稳厚又轻松，犹如一家艺术博物馆，让人驻足品鉴，回味不已。

第八章
CHAPTER 8

软装设计中的纺织品元素

第八章
软装设计中的纺织品元素

8.1 纺织品元素的了解

爱玛仕丝巾
善用布艺，可以营造出多姿多彩的陈设艺术意境。

"红线毯，择茧缫丝清水煮，拣丝练线红蓝染。染为红线红于蓝，织作披香殿上毯。"这是白居易的组诗《新乐府》中的诗句，生动描写了我国历史纺织品的织作技术及将纺织品用于建筑的内部空间陈设装饰的生动场景。人类自古以来对皮毛、织毯、草编、丝织、纤维等材料肌理的视觉和触觉感受舒适，辅助这样的质感，人的视觉体验会得到提高。

室内纺织品陈设具有满足使用者在室内空间生活必需的功能性作用。它可以实现调节光线、保暖、吸引、遮蔽等实际作用。同时，纺织品具有独特的色彩、纹理、材质所具备的柔软性、可塑性、透光性，室内空间灵动，营造丰富多彩的陈设艺术意境。

在室内陈设品中，纺织品类的陈设占有最重要的地位。装饰织物从属于整个室内环境，要和整体设计风格相协调并兼顾纺织品的实用功能。纺织品陈设不仅可以协调居室色彩的搭配，而且能够柔化空间造型的僵硬线条，营造环境的温馨惬意格调，烘托出室内或高贵典雅，或清新自然，或柔美明丽的整体氛围。

8.2 纺织品的功能、品种、质地、种类认知

用于室内陈设的纺织品种类越来越丰富，不局限于床上用品和窗帘布艺等方面，墙面、铺地、家具、厨房、卫浴等都有纺织品出现。根据使用环境与用途的不同，一般分为地面装饰、墙面贴饰、垂挂遮饰、家具覆饰、床上用品、盥洗用品、餐厨用品与纤维印染工艺品八大类。

8.2.1 地面装饰类纺织品

地面装饰类纺织品为软质铺地材料——地毯。地毯具有吸音、保温、行走舒适和装饰作用。地毯种类很多，目前使用较广泛的有手织地毯、机织地毯、簇绒地毯、针刺地毯、编结地毯等。地毯的材质区别较大。纯毛地毯是以绵羊毛为原料，其纤维长，拉力大，弹性好，有光泽，纤维稍粗而且有力，羊毛是世界上编织地毯的最好优质原料；混纺地毯是以毛纤维与各种合成纤维混纺而成的地面纺织品材料，因为材料中掺有合成纤维，所以耐磨性较高，装饰性能不亚于纯毛地毯；化纤地毯也叫合成纤维地毯，如尼龙（锦纶）、聚丙烯（丙纶）、聚丙烯腈（晴纶）、聚酯（涤纶）等不同种类，用簇绒法或机织法将合成纤维制成面层，再与麻布底层缝合而成，化纤地毯耐磨性好并且富有弹性，价格较低，适用于一般建筑物的地面装修；塑料地毯是采用聚氯乙烯树脂、增塑剂等多种辅助材料，经过混炼塑制而成，塑料地毯质地柔软，色彩鲜艳，舒适耐用，因为塑料地毯耐水防滑，所以适用于浴室。

苏州新鸿基别墅G户型，设计公司：梁志天设计
地毯的图案应配合空间的主题，地毯的色调应服从整体空间的色调。

高档别墅，设计公司：戴维思设计
地毯的图案与空间的布局相结合，能起到加倍的装饰效果。

高档别墅，设计公司：韦格斯扬
大型地毯还能起到划分空间、装饰地面等功能。

8.2.2 墙面贴饰类纺织品

墙面贴饰类纺织品泛指墙布织物，这种纺织品以布材料为基础，与针刺棉结合，具有阻燃、吸音、防静电的作用。常见的墙布有黄麻墙布、印花墙布、无纺墙布、植物纺织墙布。此外，还有较高档次的丝绸墙布、静电植绒墙布、仿麂皮绒墙布等。无缝墙布可以根据室内的墙面高度定裁，无需像普通墙布一样对花拼接，根据室内周长定裁，整体施工，塑造出室内空间的温馨环境。

布艺沙发、窗帘、壁纸营造舒适典雅、温馨怡人的空间氛围。

地中海风格的条纹壁纸营造出海洋般的爽朗气息。

翠绿色的花鸟壁纸带给室内初春般嫩绿明媚的气质。

8.2.3 垂挂遮饰类纺织品

垂挂装饰类纺织品是挂置于门、窗、墙面等部位的织物，也可以作为屏障划分室内空间，主要形式有悬挂式、百叶式两种。常用的织物有薄型窗纱、厚型窗帘、垂直帘、横帘、卷帘、帷幔等。

窗帘不但通过遮挡调节室内光线，同时也是面积占比较大的空间装饰品。

8.2.4 家具覆盖类纺织品

家具覆盖类纺织品是覆盖于家具之上的织物，具有保护和装饰的双重作用。主要有沙发布、沙发套、椅垫、椅套、台布、台毯等。

覆盖类的纺织品让家具外观更为柔和舒适，便于适应居室需求转换风格。

8.2.5 床上用品类纺织品

床上用品类纺织品是装饰织物陈设风格的主要体现，有舒适、保暖、协调并美化室内环境的作用。床上用品包括床垫套、床单、床罩、被子、被套、枕套、毛毯等织物。

8.2.6 卫生餐厨类纺织品

卫生餐厨类纺织品以毛巾类织物为主，具有柔软、舒适、吸湿、保暖的性能。这类织物主要有毛巾、浴巾、浴衣、浴帘、餐巾、方巾、围裙、防烫手套、保温罩、餐具存放袋及购物的包袋等物。

触感柔软，材质健康，图案雅致，舒适的床品是良好睡眠必不可少的家居配置。

苏州昆山别墅，设计公司：无相设计，摄影师：张静
卫生间常用的洗浴类纺织品。

8.2.7 手工编织印染工艺品

纤维工艺美术品是以各式纤维为原料编织、制织的艺术品，主要用于装饰墙面，为纯欣赏性的织物。这类织物有平面挂毯、立体型现代艺术壁挂等。

传统的手工印染技术，利用矿物、植物对纺织品施以纹样和色彩，是民间手工艺人的智慧体现。在传统手工印染加工技术中，蜡缬、夹缬、绞缬是最常见的技艺。在现代设计的影响下，手工扎染、蜡染、夹染、手绘、丝网印花都以丰富的主题多变的形式，为纺织品陈设开辟了更加广阔的艺术空间。

经典图案做成挂毯更添一份丰厚的质感。

常州新城帝景法式别墅

设计公司：上海桂睿诗建筑设计咨
询有限公司

设计师：桂峥嵘

摄影师：徐盛珉

面积：648 m²

本案是一个三代之家的常住空间，设计师考虑到了男女主人和其父母与子女的性格、爱好，并将这些因素融入设计表达中，满足各自自由以及生活需求。设计师以其一如既往的成熟的表现手法，将法式风格理念植入空间设计中，那些可以穿越历史与时空的美感和情怀表达的细节，彰显一种经典而优雅的奢华。

空间构造上，本案呈现出精雕细琢的美感，且极富视觉层次感，特别是在地下一层的红酒雪茄区"拱形"门廊和窗户及雕花的天花设计，营造出十足的浪漫与梦幻气息。色彩上，呈现出绚烂夺目的视觉效果，同时用色大胆，充满着跳跃与灵动感。优雅的蓝色调依然是设计师青睐和擅用的色彩，使整体空间极富现

代、时尚气息。在极富层次感的硬装基调下，本案在软装饰上也下足了功夫，质地上乘且融合古典与时尚美感的家具配置，华贵的布艺、精美的壁纸、优雅的水晶吊灯、工艺品摆件、装饰画等，以史诗般的恢弘气度及艺术化的组合方式，将家装扮成一个优雅的国度，在这里好像能欣赏到塞纳河左岸流淌着的悦耳香颂。

8.3 布艺装饰经典图案

影响纺织品装饰效果的另一个重要因素就是图案。从格子、条纹类型的几何纹样，到动物、植物、卡通人物等题材的图案纹样在纺织品中十分常见，这些最常见最简单的图案，却实现了将室内各类陈设品整合、协调的作用。地毯因选用原料、织造方法的不同，图案与色彩的风格也随之有异。

8.3.1 传统地毯图案与色彩

传统地毯多指用羊毛、蚕丝以手工编织方式生产的地毯。地毯历史悠久，并形成了独特的图案风格，具有富丽华贵、精致典雅的特点。传统地毯图案采用适合纹样格局形式，根据图案的具体布局与艺术风格的不同，可分为北京式、美术式、彩花式、素凸式和东亚式五类。

（1）北京式地毯

北京式地毯具有浓郁的中国传统艺术特色，多选我国古典图案为素材，如龙、凤、福、寿、宝相花、回纹、博古等，并吸收织锦、刺绣、建筑、漆器等艺术的特点，构成寓意吉祥美好，富有情趣的画面。北京式地毯的构图为规矩对称的格律式，结构严谨，一般具有奎龙、枝花、角云、大边、小边、外边的常规程式。地毯中心为一圆形图案，称为"奎龙"，周围点缀折枝花草，四角有角花，并围以数道宽窄相间的花边，形成主次有序的多层次布局。

京式地毯的色彩古朴浑厚，常用绿、暗绿、绛红、驼色、月白等色。在整体色彩配置上，有正配（深地浅边）、反配（浅地深边）、素配（同类色相配）和彩配（不同色相的色彩系列相配）之分。由于图案与色彩的独特风貌，北京式地毯具有鲜明的民族特色和雍容华贵的装饰美感。

（2）美术式地毯

美术式地毯以写实的变化式花草，如月季、玫瑰、卷草、螺旋纹等为素材，构图也是对称平稳的格律式，但比北京式地毯的风格自由飘逸。地毯中心常由一簇花卉构成椭圆形的图案，四周安排数层花环，外围毯边为两道或三道边锦纹样。美术式地毯颇具特色的是各式卷草纹样，这些流畅潇洒的卷草结合其他装饰图案构成基本格局的骨架，使毯面形成几个主要的装饰部位——中心花、环花与边花，在这些部分安排主体花草。地毯的边饰也不像北京式那样单一的直线形，而是采用较为灵活自由的形式，以花草与变化图案相互穿插。因此，美术式地毯具有格局富于变化、花团锦簇、形态优雅的特点，带有较多中西结合的现代装饰趣味。美术式地毯以类似水粉画的块面分色方法来表现花叶的色彩明暗层次，有较强的立体感和真实感。它常以沉稳含蓄的驼色、墨绿、灰蓝、灰绿、深色为底色。花卉用色明艳，叶子与卷草则多采用暗绿、棕黄色调，总体色彩协调雅致，艳而不俗。地毯织成后，小花作一般的片剪，大花加凸处理，花纹层次丰富，主次分明。

（3）彩花式地毯

彩花式地毯以自然写实的花枝、花簇，如牡丹、菊花、月季、松、竹、梅等为素材，运用国画的折枝手法作散点处理，自由均衡布局，没有外围边花。在地毯幅面内安排一两枝或三四枝折枝花，多以对角的形式相互呼应，毯面空灵疏朗，花清地明，具有中国画舒展恬静的风采。彩花式地毯构图灵活，富于变化，有时枝繁叶茂，有时仅以零星小花点缀画面，有时也可添加一些变化图案如回纹、云纹等作为折枝花的陪衬，增加画面的层次与意趣。彩花式地毯图案色彩自然柔和，明丽清新，花卉多采用色彩渐次变化的晕染技法处理，融合了写实风格的情趣和装饰风格的美感。

（4）素凸式地毯

素凸式地毯是一种花纹凸出的素色地毯，花纹与毯面同色，经过片剪后，花朵如同浮雕一般凸起。在构图形式上，与彩花式地毯相仿，也是以折枝花或变形花草为素材，采用自由灵活的均衡格局，多呈对角放置，互为呼应。由于花地一色，为使花纹明朗醒目，因此图案风格简练朴实。素凸式地毯常用的色彩是玫红、深红、墨绿、驼色、蓝色等。地毯花形立体层次感强，素雅大方，适宜多种环境铺设，是目前我国使用较广泛的一种地毯。

（5）东亚式地毯

东亚式地毯的图案题材、风格和格局与前面四种地毯有明显的区别。纹样多取材波斯图案，各种树、叶、花、藤、鸟、动物经变化加工，并结合几何图案组成装饰感很强的花纹，具有十分浓郁的东方情调。东亚式地毯通常以中心纹样与宽窄不同的边饰纹样相配，中心纹样可采用中心花加四个角花的适合纹样，也可采用缠枝花草自由连缀或重复排列，布局严谨工整，花纹布满毯面。

8.3.2 布艺的色彩、材质与空间的组合形式

当不同的图案通过对纺织品印花、织花、刺绣、镶嵌等工艺制作完成，这些图案的选择由于其特定的观赏距离和独特的光线材质，都表达出室内陈设风格的定位和象征。分布稀疏的图案柔和清新、大面积的图案热烈突出，纺织品的色调纹样使室内空间视觉层次丰富，还因为图案在桌布、壁挂、地毯、靠垫等纺织品图案的联系变化，形成空间的节奏感。

小空间多采用细纹暗花的织物，卧室织物选用不仅要给人以舒适与柔和之感，还要提供自我发展、自我平衡的机会。图案与空间装饰及家具风格相协调，形成风格化的整体设计效果。直线形给人以挺拔、刚直的感觉；曲线是所有线条中最能引起心理机能协调的线条，给人以柔软、飘逸的感觉。纺织品图案设计从欧洲巴洛克风格的涡旋纹饰、卷草纹饰、缠枝纹饰，到中国青花瓷器的白底蓝花，从日本淡雅优美的团花到英国波普艺术的涂鸦手绘，不同国家不同时代的图案纹样，营造出高雅、富丽、精致、理性等各种室内陈设艺术风格。

布艺的选择应与装饰风格，以及家具风格相协调，如果能有图案或色彩上的呼应，形成共同的主题，效果更加完美。

（1）布艺色彩与空间的组合

从艺术设计的角度看，纺织品陈设的纹样造型和色彩都是影响空间整体效果的因素。室内设计是由三维空间与时间因素共同完成的思维艺术，人的视觉在接受外界信息时，需要按照一定的顺序完成感知外部环境。

"远看色，近看花"，在对纺织品的信息接收过程中，首先进入视野的是色彩。不同的色调给人不同的心理感受：赏心悦目的色调，给人轻快的美感，能激起人们快乐、开朗、积极向上的情怀；灰暗的色调，给人以忧郁、烦闷的消极心理；红色给人温暖感，在寒冷的冬季或难见阳光的室内空间，选用暖色调的织物组合，可以营造温暖的气氛；蓝色系使人觉得凉爽，在炎热的夏季或日照充分的室内空间，可以选用冷色调的织品配套，能起到降温的作用。所以使用对人们的生理、心理起平衡稳定作用的调和色、邻近色，并且使用少量对比色来活跃气氛，都是不错的选择。

（2）布艺材质与空间的组合

根据生理感知特性，人对软、轻、暖、光滑的物体较易接受，乐于多接触，而对硬、重、冷、粗糙的物体相对反感。因此，由于织物软装饰材料特有的温暖柔软特性使人产生触摸、接触欲望，使人的心理产生平和与亲切的感受。

纺织品的纤维材料不同，织造工艺不同，处理方法不同，产生的质感效果也不同。室内陈设纺织品的外观质地的粗糙与光滑、柔软与坚挺、起绒与平纹及凹凸变化等，就是根据纤维、织造方法和处理工艺的不同来实现的，所产生的触感效果与视觉效果同样重要。

纺织品陈设使用的纤维品种丰富，从传统的绿色天然纤维棉、麻、丝、毛和各种人造纤维、合成纤维，到现阶段经过各种改良性处理，具备崭新功能的新型纤维被不断地创造出来并推广应用。比如纳米材料的多功能纤维、竹炭纤维、牛奶纤维、蚕丝纤维混纺、大豆纤维、纤维防污阻燃处理等，针对室内各种用途与功能需要的纤维材料纺织品应有尽有，满足了室内装饰的功能化与个性化需求。

苏州九龙仓国宾一号N520
型别墅样板房
设计公司：
上海遐舸装饰设计工程有限公司

此项目室内设计风格是基于法国里维埃拉地区的别墅风格，以此唤醒隶属于蒙特卡洛的奢华和暧昧。它具有迷人的法式阳台、高达十米让人迷醉的水晶吊灯、处于中庭的旋转楼梯和楼梯栏杆上无法复制的鎏金图案，以及只出现在法式宗教建筑中的拱形石材柱廊和带有名贵宝蓝石图案大理石地面等。这一切的初衷只是为了实现项目定位：出入皆人物。

传统的欧式室内风格中并存着多种元素，大量繁琐沉闷的细节充斥其中，随着国内设计界的不断成熟和国际优秀设计作品的涌入，我们对所谓欧式风格有了重新的认识，让人们不再苦寻"繁琐至上"的居住理念，而是希望能从生活出发，回归建筑功能的本质——居住。在这个项目中，本案运用了大量的雅士白大理石，并通过空间秩序的分割和引入大量传统建筑单体细部元素的排比为别墅原始空间进行了大量优化。

一层的挑空客厅和餐厅的连接采用了拱形柱廊的元素，使两个并不连通的空间，从视觉上融为一体，再从整体装饰颜色配搭上区分两个空间功能上的不同，餐厅使用热烈华贵的红色，并辅以金色元素点缀，让仪式感较强的长桌就餐区域看起来不至于太过于正式和严肃，客厅的挑空中四面墙的元素均较为生动。高耸的壁炉壁画和同二楼连通的卧室回廊都是为整个空间添光增彩的小动作。一楼次卧及书房的设计考虑室外花园的绿意盎然，所以在室内色系的选配上使用了部分绿色。父母房不再是重色的专属领地，也可以将其定位为子女的居住空间。地下室的概念主题是诺曼底号船舱，有一定的ART DECO风格，旁边的区域分别设置了两个空间——麻将室和女主人活动区，主题较为雅致，从而削弱了由于船舱主题所带来的工业金属感。

本案硬装上强化了新古典文化的元素，却不让人感觉生硬冷漠，秘诀在于软装上通过布艺、色彩等方式软化了空间氛围，柔和的布艺，简洁流畅的构图，清雅明媚的色泽，都让情绪平和身体放松。当真实被唤醒，一切善与美才能复兴。

8.4 窗帘布艺与空间的组合

（1）客厅

客厅的布艺可以衬托环境的素雅大方、宽敞明亮。色彩应与墙壁、家具相协调。在家装的风格上，又可分为中式、欧式、休闲三大主题。款式上多见悬挂、对开、落地式样，外帘饰窗纱、里帘采用半透明的窗帘效果好，配以窗幔，赋以窗樱、饰带等进一步修饰，效果更好。

（2）卧室

卧室的风格也是可以分为中式、欧式、休闲三大主题。功能上力求质厚、温馨、安全。

窗帘花型一定要同床罩相协调。款式上多见外帘窗纱，里帘一般采用遮光窗帘，以使卧室在任何时间都是睡觉的好地方。

中航城复式A2-1，设计公司：SCD设计
咖色调的空间让心绪沉静。

设计公司：玄武设计
种类丰富、层层叠叠的布艺，让空间倍感柔软舒适。

（3）餐厅

餐厅的风格同样可以分为中式、欧式、休闲三大主题。气氛上要活泼欢快、明朗。餐厅宜采用暖色（橙色）增进食欲，色调掌握在餐桌、墙壁两者色调之间。款式上根据窗体大小采用悬挂、对开或单开方式。外帘是窗纱，里帘多为棉质品。

上海绿地海珀佘山别墅，设计公司：LSDCASA

（4）书房

书房的风格要求素雅大方。窗帘的选择要求透光好、明亮。款式上多见升降帘方式，可以适当地控制光线的强弱。书房窗帘色彩多用驼色、米黄等淡雅色调，有利于工作、学习。

项目名称：重庆东升府，设计公司：梓人设计

浅醉红妆

设计公司：梓人设计

厅堂落地窗前，轻粉飞红，她不经意的回眸，含笑的眼眸里印着彩霞的玫红，那一刻，淡啡的墙，玫红的窗，成了画中的背景，满室的衣香鬓影都变得遥远，一眼仿佛已相识千年。

宽大的餐桌前，满盘应季瓜果，碟装美味佳肴，透过桌上粉色花枝的掩映，看到她举到唇边的红樱桃，红润欲滴，世界的色彩顿时淡去，唯有那一抹红将脸庞衬得光彩夺目。

书房里，青年才俊聚在一起抒发各自的见解，他手扶地球仪述说着异国他乡的风俗文化、评议各地的财经时尚，清朗流畅的声音，独树一帜的见解，让人眼前一亮，黑色的书架衬得他睿智沉稳，水晶灯也不如他的眼中星芒闪耀，她轻倚玫红的窗帘下，凝神聆听，话音如琴不觉拨动心底共鸣……

如果有些浪漫注定要发生，在岁月的流光里写下传奇故事，还有哪里比这样红粉菲菲，唯美浪漫的所在更合适。这个空间与其说是奢华的样板，不如说是浪漫的舞台。设计师凭借骨子里的浪漫天性大胆地选择了"蓬皮杜红"作为空间的主色调，温暖、喜悦，脉脉含情，流露出一种深入浅出的美。玫色与啡色匹配，显得清雅而又别致；与黑色相衬，则端庄中透出轻盈；与青花色相遇，则明亮中显出娇媚。"蓬皮杜红"在不同空间自在跳跃，营造出风情独具的空间氛围，让人们内心情感波动。

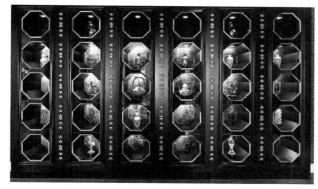

客厅跳跃的"蓬皮杜红",浸染着窗帘、沙发、台灯、花器,配合18世纪经典款的欧洲宫廷家具,呈现出浪漫而清雅的空间气质,透露出18世纪推崇的女性风格,就如一杯特质鸡尾酒,你说不出它的味道,但你就是喜欢它在舌尖舞蹈的感觉。而那一方彩色编织的花鸟地毯也为这个浪漫的空间赚足了眼光,精细的笔墨、鲜艳的色彩、设色分明的画面,将花卉的优美姿态与气质很好地描绘出来,或沐风绽放,鲜艳娇媚;或含苞待放,色调深沉。

婀娜中颇具挺健之姿,平淡中自有明艳之丽。偶有雀鸟飞上枝头,放声高歌,似在悠扬地歌唱着美丽动人的故事。设计师对颜色比例精心调配,不同空间选择跳跃的色彩,如净蓝、浅紫、青花等,以玫红为线索,谱一曲空间的赞歌。

8.5 床品、地毯的选置

8.5.1 床品布艺风格

上海绿地海珀佘山别墅，设计公司：LSDCASA
对于卧室来说，创造一个良好的睡眠环境是第一位的，所以卧室空间的布艺应讲究健康、舒适、方便、静美。

床品是营造卧室气氛最简单最直接的方法。在图案的选择上，清新淡雅、柔美娇嫩的花朵图案，可以使卧室显得更为优雅浪漫。淡雅的花朵图案，和谐、自然的气质蕴含着丰富的包容性，同时注重一些细节上的搭配变化，可以营造出多种不同风格的卧室，或优雅奢华，或温婉而甜美。

在色彩搭配上，浅色花朵图案的床品更适合以白色、黄色、浅灰色等柔和色彩为主基调的卧室，而色调鲜艳、热烈的卧室，则不宜选择碎花图案的床品，会造成视觉繁复和对比过于强烈，影响睡眠。

（1）尊贵风格
美式床上用品，因为现在美式装修风格已经成为一种非常受追捧的主流装修风格，美式风格稳重大气，可以十分完美地体现居室主人的身份地位。美式床上用品的色调一般也是取稳重的褐色或深红色，在材质上，多会使用钻石绒布，或者以真丝作为点缀。图案中

会用简单的古典图腾花纹作为点缀，在抱枕和床旗上通常会出现大面积吉祥寓意的图案。

（2）自然风格
田园风格床品的色彩一般都会和田园家具一样，色彩淡雅，多为米白色，或者淡蓝色，面料通常为纯棉或者亚麻，塑造一种自然的感觉。在花纹上，田园风格床上用品多为一些植物图案，再配合一些格子和圆点做装饰点缀。

（3）古典风格
古典风格床品的色彩也是和新古典家具一样大胆出彩，经常出现一些艳丽、明亮的色彩，有时一些有个性的床上用品还会出现一些非常极致的色彩，比如，黑色、白色、紫色等，给人一种眼前一亮的感觉，非常符合现代都市时尚人群的审美观念。在材质上经常会使用一些光鲜的面料，比如真丝、钻石绒等。为了把新古典风格演绎到极致，一般此类床品的图案不会很多，多半为几何图形为主。

（4）吉祥风格
吉祥风格一般以丝绸为主要制作材料，其中最为常用的图案为中国水墨画的形式、传统吉祥图案、中式图纹、回纹等。

（5）异域风格
异域风格的床品颜色绚丽多姿，通过融入地方特色民族文化，使得室内空间整体感觉华丽热烈，但不是浪漫。

（6）欧陆风格
欧陆风格的床品基本与室内墙面、窗帘的色彩相统一，一般采用大马士革、佩斯利图案为主，整体风格尽显简约大方，却又不失庄严与稳重。还会把抽象画的形式展现于创意图案之中，也能达到非常特殊的艺术效果。

北京万柳书院，设计师：谭精忠

苏州九龙仓国宾一号N520型别墅样板房
设计公司：上海遐舸装饰设计工程有限公司

8.5.2 工艺地毯

地毯结构紧密透气，可以吸收或隔绝声波。地毯表面绒毛可以捕捉、吸附飘浮在空气中的尘埃颗粒，有效改善室内空气质量。地毯是一种软性铺装材料，有别于如大理石、瓷砖等硬性地面铺装材料，不易滑倒磕碰，家里有儿童、老人的建议铺块毯或满铺毯。地毯具有丰富的图案、绚丽的色彩、多样化的造型，能美化装饰环境，彰显个性。地毯不辐射，不散发像甲醛等不利于身体健康的气体，符合各种环保要求。地毯的脚感舒适，木地板、大

理石、瓷砖等地面材料天冷潮湿的环境下脚感会不舒服，地毯可以很好地解决这样的问题。不论是新建工程、老工程翻建或重新装修都是有计划、有标准的。是按五星标准装修还是三星标准；是西式风格还是中式风格；是古典流派还是现代流派，这一切是你选用什么类别、档次、色泽、图案地毯的基准点，也只有坚持装修标准风格与选用地毯的统一性，才能使工程尽善尽美，达到锦上添花的目的。

云想衣裳

设计师：连君曼

微信：LJM321JM

本案的一大设计亮点，是将纺织元素大量植入空间，并选择油画般浓墨重色的色调去渲染空间，饱和的红、黄、绿色在空间中华彩夺目，营造出热烈、欢乐、充满激情的生活空间。

无论是豹纹的壁纸，还是布艺的装饰墙或彩色的抱枕，都让客厅华彩纷呈。而卧室的设计也同样绚丽多姿，热烈的情绪在空间中沉淀，大量的布艺让人舒适而放松，以更为饱满的精神去迎接每天新的开始。

第九章
CHAPTER 9

软装设计中的绿植元素

第九章
软装设计中的绿植元素

 9.1 家庭绿植装饰

室内绿化陈设是利用植物材料结合园林设计中常用的手段和方法，组织完善室内陈设艺术创意，其目的是体现人与建筑、环境三者的和谐关系，满足人们依恋自然、追求环保的愿望。绿化陈设艺术，强调光线、色彩、形态、质感与自然景观巧妙结合的自然化处理，为营造良好室内生态环境和自然意境氛围提供基础条件，满足当代人"天人合一"的审美理想。

绿化陈设在室内不仅可以提高空气质量，调节温度、湿度，绿化环境，还可以改善空间结构，例如：根据需要摆放植物，将室内空间划分出不同区域；利用藤本植物的攀援特性制作分隔空间的绿色屏风，将不同的空间有机地联系起来；室内空间有难以利用的区域，摆放室内观叶植物起到装饰作用，使空间变得充满生机。

高端住宅，设计公司：品伊设计
中式格调的书房里，沉稳的黑被热情的红点燃，绿色的盆栽带来了生机和美感

9.1.1 常用家庭绿植分类

室内陈设选择植物，是由室内生态环境和观赏植物的特性所决定的。按照室内环境的特点和季节的变化，利用以室内观叶植物为主的观赏材料，结合人们的生活需要，对使用的器物和场所进行美化装饰。目前常用于室内陈设的观赏植物有以下几种类型：

（1）观叶植物

观叶植物以其叶片翠绿硕大、色彩丰富等特点，成为最常见的绿化植物，如吊兰、文竹、一叶兰、虎尾兰、龟背竹、富贵竹、天门冬、合果芋、花叶芋、绿萝、广东万年青、观音莲、蔓绿绒、变叶木、大叶黄杨、袖珍椰子、南洋杉、羽叶甘蓝、秋海棠、吊竹梅等，这些品种繁多的观叶植物在具有极高的装饰价值的同时，还有良好的吸附甲醛等有害气体的能力。

（2）观花植物

常见的观花植物有小苍兰、四季樱花、仙客来、晚香玉、朱顶红、大花君子兰、水仙、长春花、文心兰、菊花、桂花、茉莉花、鸡冠花、半枝莲、凤仙花、康乃馨等，多数花香对人的身体健康有益，既可以观赏，又可以药用。

（3）蕨类植物

蕨类植物肾蕨、铁线蕨、凤尾蕨、石韦等，这些植物耐阴，观赏价值高。

（4）观果植物

观果植物有金橘、四季橘、佛手、夏橙、秤锤树、九里香、五味子、火棘、老鸦柿等，它们中的多数可以食用或药用。

（5）水生植物

水生植物很多，常见的主要有菊花草、太阳草、小水榕、大水榕、红波草、薄荷草、水车前、巴戈草、香蒲、合果芋、石龙尾、满江红、富贵竹、彩虹美人、小杏菜、宝塔草等。

（6）盆栽蔬菜

盆栽蔬菜樱桃椒、金银茄、红茄、乳茄、樱桃西红柿、观赏西葫芦、凉瓜、羽叶甘蓝、红花菜豆、香豌豆、紫叶生菜等都有很好的观赏价值。

9.1.2 绿植的布局方法

室内绿化的陈设布局，在满足植物生态习性的基础上，与使用者的喜好和空间功能相协调，才能布置出美丽、优雅、舒适的环境。悬垂植物多放置于高台花架、柜橱或吊挂高处，让植物自然悬垂；植株色彩丰富、高度适中的植物宜置于台面花架上，以便于欣赏；植株较高，轮廓规则的植物摆在视线集中的位置；空间较大形状匀称的植物，还可采用群体布置。室内植物陈设虽在斗室之中，却能烘托出独特的室内风格和文化氛围，体现主人的审美情趣。

以家居绿化为例：

客厅是家庭成员聚集和接待客人的场所，绿化要力求朴素美观，选择观叶植物既有整体效果，又有精致的园林风味，予人深刻的印象。客厅可选用叶片较大、株型较高的植物如巴西铁、绿霸王等为主景，给人以潇洒壮观的感觉；另选配一些绿宝石、彩叶芋、大叶朱蕉、广东万年青、蝴蝶兰、龟背竹、火炬凤梨、棕竹等，使客厅成为理想的雅座。

客厅一角，绿色植物与绿色饰品相互呼应，充满生机。

休闲客厅，阳光烂灿的午后，在绿意盎然的一隅享受休闲时光。

书房宜创造出清静、雅致的环境，给人以文静、优雅的印象。在书桌上放置一盆轻盈秀雅的文竹、五针松、凤尾竹等，调节视力，缓解疲劳；书柜上可以摆放枝叶悬垂的花叶常春藤、鸭脚木等；房间内可放兰花、龟背竹、吊兰，使房间充满诗情画意，给人以积极向上的感觉。

书房的布置宜静宜雅。

中式厨房烟气大、温度高，植物存活不易。开放式岛台用植物装点，可以营造美好家居氛围。

卧室要求恬静舒适，宜选株型小、气味淡的植物。植物数量不宜多，一两处即可，起到画龙点睛的作用。选择文竹、肾蕨、吊兰等枝叶细小、小盆栽或垂吊植物，保持卧室安宁气氛，使人感到轻松、自在。用米兰、四季桂花、含笑、茉莉、君子兰、虎尾兰、千岁兰等植物布置环境，可使满室淡香，令人舒畅。

餐厅的绿色植物考虑以立体装饰为主。以仙客来、秋海棠、观赏凤梨、百合草、荷兰铁等观叶植物为主，使人精神振奋，增加食欲。

厨房是家务操作频繁、物品零碎的工作间，烟气大、温度高，因此，选用小型盆栽、吊挂盆栽或长期生长的植物较为合适。在食品柜、酒柜冰箱上可摆放常春藤、吊兰或蕨类植物等，也可采用干花、绢花等。在远离煤气、灶台的临窗区域，可选择一些对环境要求不高的植物，如仙人掌、蟹爪兰等。

9.1.3 室内盆栽摆放技巧

（1）盆型

盆型的选择要考虑应用的实际环境，宽敞的空间宜用大型盆钵，反之，在空间比较小的情况下，如书房，盆钵也应该小一些。墙壁、玄关四周、篱笆或中小庭院均可利用吊钵，形成立体式的装饰。

"好花也需要好盆配"，选择盆钵主要从材质、色彩、大小、形状四个方面加以考虑。

材质：盆钵选用的材料非常广，有瓷、陶、玻璃、塑料、金属、木、竹、石、玉、贝壳、椰壳等，几乎凡是可以盛水的器物都可以作为花器。

色彩：紫砂盆的颜色对于多数树种都比较适宜；松、柏、榕等四季常绿植物，配上红色、紫色一类陶盆，更见古朴雅致；花朵艳丽的植物所配的盆钵可以色彩浓重一些，较为清雅的花卉，应配以浅色盆。

大小：盆的大小要与花木相配，过大或过小不仅影响美观且对植物生长不利。一般根据花木的冠幅大小来决定盆钵的大小。不同的树种配盆大小也有所区别，例如：松柏类用盆宜偏小；叶片宽大的树木和紫藤、紫薇、桂花、垂丝海棠等，用盆宜稍大。

形状：盆钵的造型虽然种类繁多，但基本的形态不外乎这样几种：盆、钵、筒、瓶及其变形体。以直线条为主的花木，盆的线条也宜刚直，可用长方形、正方形以及各种有棱角的盆钵，集中

表现阳刚之美；曲线造型的花木，宜用圆形、椭圆形以及各种外形圆、深盆，充分显示阴柔之美。

（2）空间

大空间：较大空间的客厅，入口处可放置插花、盆景，起到迎宾作用；墙角柜、沙发旁、窗边可放置龟背竹、橡皮树、棕竹、绿萝等；也可利用较为高大的南洋杉、苏铁等盆栽来分割空间，隔离出会谈、进餐、娱乐等空间。

开敞式露台是较好的休息和眺望场所，合理的绿化布置能使人仿佛置身于自然环境之中。若请专业人士进行设计，效果更为理想。

小空间：较小的阳台可以摆设不同种类的中小盆栽或悬挂垂盆植物，创造良好的景观效果；在窗台上悬吊绿色植物，能够柔化单调僵硬的建筑线条；此外还可在窗台上设置种植槽，槽内种植色彩鲜艳的四季花草，花开时节就连路人都会羡慕不已。在餐厅角落可摆放凤梨类、棕榈类等叶片亮绿的观叶植物或色彩缤纷的中型观花植物即可。

富邦天母样板房，设计公司：动象设计

植物墙的设计也开始在更多室内空间中应用。

（3）风格

每一种不同科属的植物，都呈现出不同的姿态及风情，有的原始粗犷，有的热情奔放，有的清新淡雅，挑选时也要考虑植物的气质是否与家具风格相符，以免格格不入、适得其反。

一般来说，大中型观叶植物可以搭配装饰艺术风格、金属及玻璃材质的家具。叶片细致的垂枝植物，如铁线蕨、常春藤等，让人犹如置身庭园，与柔软的印花棉布搭配可以共同创造出温馨的田园风格。线条纤巧清秀的植物，如吊兰、铃兰等，则适合极简风格或富有禅意的空间。

地中海风格的空间摆放大叶片的植物，适合地中海气候及植物特征。

对称式的布局显现出空间的端庄稳重。

（4）摆放

直立、规则的植物可摆在视线集中的位置，这样可使空间相对缩小，还可采用群体布置，将高大植物与其他矮生品种摆放在一起，既能增加室内的自然气氛，又可以突出布置效果。现代建筑总是由直线与板块构成的，难免有些生硬，植物千变万化的姿色形态正好可以解决这一问题。悬垂花卉置于高台花架、橱柜或吊挂高处，让其自然垂挂，可使墙面生动起来；色彩斑斓的植物放在低矮的桌台上可以使空间会变得亲切温暖。

客厅的一角，宽大空间可以摆放较高大的绿色植物。

观赏性植物总是会吸引人们的注意力，选用形态较为一致的植物，以曲线或直线连续排列，在转折或过渡处，配合空间的动向划分，可形成一条无声的导向路线，而在出入口、楼梯口布置盆栽可以起到重点提示的作用。

三义住宅，设计师：程绍正韬。集合式的排列强化装饰效果。

松山湖璞舍别墅，设计公司：派尚设计

 # 9.2 盆景艺术

盆景自古以来是我国传统园艺珍品，富于诗情画意，多以树木、花草、山石、水土等为素材，经匠心布局、造型处理和精心养护，能在咫尺空间集中体现山川风貌和园林艺术之美，成为富有诗情画意的案头陈设和庭院装饰。我国盆景艺术年代久远，陕西干陵唐代章怀太子墓（建于706年）甬道上，就出现了绘有侍女手托盆景的壁画，是迄今所知的世界上最早的盆景实录。

9.2.1 盆景的常见形式

中国盆景造型，样式多样，依据树桩盆景的造型大小规格，可分为特大型、大型、中型、小型、微型等几种。而据其制作和观赏性的不同，可分为孤赏性和综合性两种。

（1）孤赏性树桩盆景

孤赏性树桩盆景，观赏的是树木个体自身各部所合成的整体美，它一般不做任何陪衬，目的是突出树木自身。因此，对树桩要求颇高，种植严谨，一般植于盆中间，用方、圆对称深盆为主。

（2）综合性树桩盆景

综合性树桩盆景又称画意盆景。观赏的是群体组合美，从个体来讲不是十分理想，通过多株树木的搭配组合，或山石苔草的映衬、呼应、互相弥补，互为烘托，取长补短，或理于地形、疏于水域，组织成一个幽然空旷世界，显示了群体之美。

（3）人物盆景

人物盆景形式构图上主要用古树老桩作景，而在内容构图上，树下配合与主题相呼应、协调的人物，如息凉、牧歌、对坐等，相映成趣，画面静中有动、动中有静，妙趣横生，充满了生活气息。人物盆景也可作为专题介绍，如历代名士、当代英雄等典故题材。

（4）微型盆景

微型盆景因为盆微树小而成为一种独立的类型，而盆内形式内容同上述孤赏性盆景与综合性盆景相似。微型盆景用材小巧，制作要求技法得当，表现在枝条、主干上，使小树、嫩枝呈现虬曲苍劲、气质沉着的"古老大树"之貌，使外表形式与内在气质完美结合。不因为小而靠数量、繁复来取胜，构图还要简洁扼要。

9.2.2 经典盆景展示

中国自然风貌、植物资源、传统习惯各异，因而形成了盆景的不同风格，岭南派、苏派、扬派、川派、海派成为我国盆景艺术的五大流派。

岭南盆景包括广东、广西地区的盆景，而以广州盆景为代表。岭南盆景历史悠久，清代道光二十一年，明谊修所著《琼州府志》中有这样的记载："九里香，木本。有香甚烈，难长，选最短者制为古树，枝干拳曲，作盆盂之玩，有寿数百年者。"岭南气候温暖，古树葱茏，树种多选用榆、雀梅藤、榕树、九里香等为盆景树种，盆景艺人中，南素（海幢寺的素仁和尚）、北孔（民间艺人孔泰初）成为岭南盆景的代表。在岭南画派的影响下，创造了"截干蓄枝"为主的制作法，先对树桩截顶，以促枝叶生长，又经反复修剪，而形成干老枝繁的特色，体现出构图有聚有散，飘逸豪放的风格。

川派盆景也称为"剑南盆景"，以成都为中心，成都作为历史文化名城，地处长江上游，植物资源丰富，文化发达。川派盆景以造型规则独树一帜，盆景造型以蟠扎技艺见长，使用棕线扎制，主干弯曲的角度、方向空间构图讲究，非常注重根部的造型处理，树桩以古朴严谨、虬曲多姿为特色；山水盆景则以气势雄伟取胜，表现出巴山蜀水的自然风貌。

扬州地处长江和大运河的交汇处，风光旖旎，文人荟萃。扬州盆景以独树一帜的"云片"造型，显示出丰厚的文化意蕴。云片层次清楚，大小依树桩而定，大者如缸口，小者如碗口，一至三层的称"台式"，三层以上的称"巧云式"。云片的安排疏密有致，云片中的每一根枝条都扎制成细密的蛇形弯曲，"桩必古老，以久为贵；片必平整，以功为贵。"这句话成为扬派盆景独特标准。

海派盆景是一个以上海命名的盆景艺术流派，有400多年历史。它蕴含文学和美学，并集植物栽培学、植物形态学、植物生理学及园林艺术和植物造型艺术于一体。海派盆景分支有自然式与圆片式，虽然有些树木盆景成圆片，但与苏派、扬派的云朵、云片不同，主要表现在片子形状多种多样、大小不一、数量较多等方面，且分布自然、聚散疏密，因此形式仍倾向于自然。海派盆景还以自然界千姿百态的古木为摹本，参考中国山水画的画树技法，因势利导，进行艺术加工，赋予作品更多的自然之态。因此有"虽由人作，宛若天开"的效果。海派盆景是我国首先使用金属丝加工盆景的流派之一。采用金属丝缠绕干、枝后，进行弯曲造型，剪扎枝法采用粗扎细剪、剪扎并施，成型容易，成条流畅，刚柔相济。海派盆景的造型形式比较自然，不受任何程序限制，因此其造型形式多种多样。主要有直干式、斜干式、曲干式、临水式、悬崖式、枯干式、连根式、附石式，还有多干式、双干式、合栽式、丛林式，观花与观果盆景。此外，还有一种"点石式"盆景，在树木盆景内结合树干的蟠曲，根系裸露配以山石，以增加山野情趣。

徽派盆景是以安徽徽州命名的盆景艺术流派，徽州地处新安江上游，山清水秀，雨量充沛，在新安画派的艺术风格影响下，形成了游龙式的梅桩最负盛名，造型以主干为轴盘曲而上，给人以庄重崇高的感觉，梅桩的结构下宽上窄，两侧的台片对称，被称为"徽梅"。

海派盆景，采用金属丝蟠扎，将金属丝缠绕枝干后再扎制出基本形态，师法自然，千姿百态，有高达丈余的大型盆景，也有一掌可置数盆的微型盆景。

9.2.3 盆景的室内软装形式

盆景是"无声的诗，立体的画"，能陶冶人们的性情，给人以美的享受，成了室内绿化必不可少的佳品。盆景如果没有适当的陈设，也是收不到好的欣赏效果的，盆景的陈设除了考虑美观，还要考虑植物的生活习性，选择适宜的摆放场所。一般说，盆景的陈设，应考虑盆景的种类与大小、盆几架的搭配、环境的烘托、人与盆景间的距离、盆景的高度、盆景之间的相互关系，还要处理好与建筑物的关系，着眼于艺术效果。中、小型甚至微型盆景，大多为临时性的需要经常更换。中式建筑的室内，盆景一般陈设在厅堂几案、茶几、书桌等家具上。窗门、廊沿或室内四角设有专门供陈设盆景的案几或高型花架。西式建筑的室内，沙发几、写字台、五屉橱上多用小型盆景。树桩盆景大抵观赏植物的土、根、叶、花、果以及色泽、形态和造型为主，山石盆景则观

旭辉西郊别墅LSD，软装设计：LSDCASA
盆景造型优雅，本身的观赏性极强，有时露出一个局部，反而给人更多想象空间。

中粮瑞府，软装设计：LSDCASA
圆形门洞外探出一树盆景，营造出古色古香的园林景观氛围。

家居一角，一盆景，一坛瓷，古朴自然气息油然而生。

济南建邦上复式示范单位，设计公司：成象设计
精巧的小盆景与挂画中的盆景互相呼应，宛如对话。

中航城复式A2-1，设计公司：SCD
用盆景为室内空间营造园林小景的感觉。

居室一角，设计公司：大麦室内设计
以灯光强化盆景，使居室的一角情趣倍增。

赏其气韵、骨法和形态美。它"虽一举之谷，而能一干岩之秀"，富有瘦、透、绉、漏、丑等多种特点。盆景摆设的高低及其俯视、平视、仰视的效果迥然不同。树桩盆景要根据造型特点和样式决定位置的高低，悬崖式、提根式、垂枝式，适宜仰视；直干式、播干式、横枝式、丛林式，适宜平视；寄植式、疏枝式、混接式，适宜俯视。

阳台、走廊、庭园亦是盆景设置的场所，用树桩盆景或山水盆景点缀庭园，能增添丛林野趣，使自然花木与人工建筑物完美衔接，不落俗套，过渡自然，把两者有机地糅合在一起。陈设盆景，每盆之间要保持一定的距离，做到疏密相间，恰到好处，高低栽插，相得益彰，形状、大小、色泽、质地，力求和谐统一，相映成趣。

9.3 花艺装饰

插花艺术虽然源远流长，但由于它的创作和欣赏都属即时性的，在摄影和录像等技术发明之前，只是短暂的艺术表现，所以传世作品极少，对插花艺术的考证，只能借助于地下出土文物或各类史料只言片语的记载。

9.3.1 插花陈设

我国插花的历史悠久，佛教供花是插花起源广为认可的一种说法，许多书籍都认为《南史》中不仅有"铜罂盛水，渍其茎，欲华不萎"。汉唐时期，插花艺术在宫廷和民间广为流传，7—10世纪在唐朝墓穴壁画中有使用各式器皿插花的描绘。宋代篮花盛行，注重花德，以花拟人。以松、柏、竹、兰、梅、桂等素雅的花材为主，插画作品或影射人格，或解说教义。在我国南宋理学家周敦颐广为流传的《爱莲说》中有这样的诗句："予谓菊，花之隐逸者也；牡丹，花之富贵者也；莲，花之君子者也。"反映出注重花德，寓意人伦教化的"理念插花"的盛行，并且将插花与闻香、点茶、挂画并称为"四艺"，是宋时盛行的民间社交礼仪。明代插花在宋代基础上更加成熟，插花的理论系统完善。插花艺术不仅重意，更讲究与室内布局的搭配，借鉴书法、绘画的构图章法等美学法则，营造插花艺术，点缀室内空间。明代瓶花兴盛，同时十分讲究瓶花作为室内陈设品与空间的协调，厅堂插花与书斋插花，花型与花器都各有所别，风格也迥然不同。

台北华城，设计公司：玄武设计
花艺的适用性很广，从室内到室外，都能美化环境。

东方韵味花艺

别墅一角禅茶陈列，设计公司：HSD

山东威海江南城，设计公司：吴凯设计
茶台上的花艺

台湾佳茂上苑公设，设计公司：上境设计

西方插花源自古埃及，并逐渐传播至欧洲各国。在人文主义哲学思想影响下，欧洲艺术始终将人与自然作为艺术创作的对象，因此，西方插花多以草本、球根花卉为主，用花量大，构图多以对称的几何形状，追求块面和整体效果，如三角型、半球型、扇型、圆锥型等。

日本插花艺术也在传统花道的基础上汲取西方插花的技法，加强花材的创新，在室内陈设艺术中成为不可或缺的艺术形式。

| 西方风格花艺

荣和曲池东岸，设计公司：SCD

插花艺术创作是蕴含生机的行为艺术，它体现人们追求美、创造美的愉悦，使人修身养性、陶冶情操，更体现不同生态文化影响下的艺术精神。插花艺术在室内陈设中的运用，表现出取材于自然，更高于自然的艺术效果，插花艺术在不同空间环境中，花材的选择和组合，表现出不同意境和氛围。插花艺术以大自然之美在室内空间传递视觉信息，释放艺术光彩。

| 深圳质量会所，设计公司：森境+王俊宏设计

| 马来西亚酒店的花艺陈设

9.3.2 干花艺术

干花是将植物材料经过脱水干燥、保色、定型处理制作成可持久的具有观赏价值的干燥植物材料，不仅包括植物的花朵，还可以将植物的叶、茎、种子、果实、根等部分制作成具有独特风格的观赏花材。干花插花不仅具有大自然中鲜花的自然纯朴，又做到持久馨香的花艺特点。艺术效果很大程度上取决于花器的形与色上，不同的干花采用不同的花器，根据花材特点，选择提篮、瓦罐、陶瓶等朴素的物件之上，呈现出田园质朴的独特氛围。在高大空间，花、木尺寸达不到的时候往往用仿真花、仿真树替代，往往会达到有个性有时代感的艺术效果。尤其适合在北方冬天没有绿植的情况下依旧有春意的遐想。

江湖禅语售楼部一角，设计公司：大易设计

端景，软装设计：LSDCASA

灵山精舍一角。

重庆万科城别墅，设计公司：矩阵纵横　　　　　　万科东丽湖样板房，设计公司：达观设计

万科东丽湖样板房，设计公司：达观设计

第十章
CHAPTER 10

软装设计中的饰品元素

第十章
软装设计中的饰品元素

饰品陈设范围很广，种类繁多，大致可以分为三种类型：一类为纯观赏为主的装饰性陈设品；另一类以实用为主的实用性陈设品，在室内环境中也能起到一定陈设作用；第三类是艺术家经过审美创作的艺术品陈设。饰品陈设在室内空间环境中主要强调的是空间艺术氛围，增强视觉效果，更能体现主人的品位，是营造家居氛围的点睛之笔。它的最大功效是增进生活环境的性格品质和艺术品位。也就是说，只有饰品陈设的价值与其他陈设艺术品之间的协调搭配，才能演绎出超越自身的价值。

台湾乡林大境公设，设计公司：十邑设计
从室内到室外，陈设艺术让生活更美好。

10.1 装饰性饰品

装饰性陈设品，本身没有具体的实用价值，属于供赏玩用的物品。这一类型的陈设品大多是具有一定纪念价值的物品，如雕刻艺术品、书法字画、民间刺绣、手工艺术、卡通公仔等，表达主人的兴趣爱好。

天有时，地有气，材有美，工有巧。中国传统民间工艺在世界各民族的物质文化史上有着独特的美名。浩如烟海的民间手工艺品，为设计师提供了丰富的设计资源，每一种民间艺术品都包含了人工造物技术与生活的智慧。

10.1.1 刺绣

我国刺绣艺术源远流长，每个不同的历史时期都有独到的技术，董其昌在《筠清轩秘录》中写到："宋人之绣，针线细密，用绒止一二丝，用针如发细者，为之设色，精妙光彩射目。"到了明、清传统刺绣的繁荣时期，出现了苏绣、粤绣、蜀绣、湘绣，被誉为中国四大名绣。苏绣以苏州为中心，主要品种是仿画绣、写真绣，特点是山水能分远近之趣，楼阁具有深邃之体，人物能有生动之情，花鸟能现亲昵之态。粤绣是广东地区刺绣品的总称，相传最初始于黎族，绣品主要有衣饰、挂屏、褡裢、屏心、团扇、扇套等。粤绣常以凤凰、牡丹、松鹤、鹿、岭南水果为题材，构图繁密热闹，色彩富丽夺目。粤绣的名品钉金绣，以织金缎衬底，加衬高浮垫的金绒绣，显得金碧辉煌。蜀绣亦称"川绣"，是以成都为中心的四川刺绣，题材多为花鸟虫鱼、民间吉语和传统纹饰等，颇具喜庆色彩。湘绣是以湖南长沙为中心的刺绣产品，独特的丝绒线绣花，多以国画为题材，形态生动逼真，风格豪放。

入口玄关刺绣，室内设计：大麦室内设计
本案简单材料的肌理化重复运用，中式符号的抽象化、概念化、装饰艺术化运用不同材质物料的粗细质感对比，不同功能空间中的不同物料、植物、香薰气味的立体释放，追求更多感官立体化享受。入口处刺绣屏风，于若隐若现间，赋予空间精致华美之感。

10.1.2 剪纸

剪纸艺术是中国传统民间工艺之一，具有悠久的历史与浓郁的民俗特色。它以剪刀、刻刀等为工具，以纸为材料，通过剪、刻、撕等加工手法，将纸张剪刻成人物、花草鸟兽、山水风景等形象，极富装饰情趣。作为民间艺术的一种，剪纸具有很强的地域特点，如陕西粗朴豪放、河北秀美艳丽、四川华丽工整、江苏秀丽玲珑等。民间剪纸多是以二维的展示方式为主，创作空间局限在二维上，随着社会的发展和纸张造型技术的提高，技艺多样化，展示的手法也充满创意特色。对纸雕的艺术审美不仅满足于技术的精细，更发展出多样化的展示方式及个性化设计创意。将剪纸运用在三维空间的室内陈设设计中，在三维空间上体现这种二维的装饰艺术品，形成具有特色的室内陈设风格。

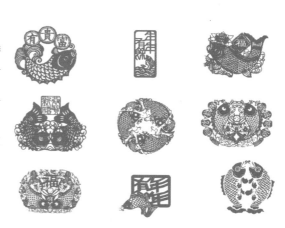

10.1.3 玩具

玩具是"可爱"的象征，多选用卡通、动物造型和一些汽车、飞机的模型等。以软质材料为主，色彩活泼、明快。玩具适于现代风格的室内空间和特点的空间环境，形成次序美、个性美、集中美。玩具色彩丰富，形象多样，用玩具做室内空间的点缀还要特别注意数量的多少，不能过多的陈设，也不能尺度过大，只要适当的摆放就可以。

泰式海景别墅
艺术品又何尝不是大人的玩具。

儿童房，设计公司：云想衣裳
玩具是孩子们亲爱的伙伴。

10.1.4 照片

照片是指家庭生活照片或者是主人自己拍摄的风景照片，如家庭生活的美好瞬间、孩子的成长过程、一次旅游的过程和当地的景致等。它不同于摄影作品，与摄影作品相比艺术性不高，但是有很强的纪念价值。

照片墙记录一家人的经历、成长和喜欢的图像。

10.1.5 观赏性陶瓷摆件

陶瓷摆件既不是价格昂贵的古董类陶瓷制作，也不是相对简单、廉价的生活所需的器皿。观赏性陶瓷摆件是现代的高档用瓷，是工艺、文化和艺术高度表现的载体。陶瓷摆件用于室内不仅要在造型、款式、花色、工艺等上面十分研究，还要考虑它们在室内空间环境中应组合搭配所需的室内空间的主题、情调、氛围。

国外空间的边柜上，青花瓷的组合摆设，显得清新典雅，深具东方文化情调。

壁炉一角，设计师：Richard Landry
在西方的空间里加几件中国的青花瓷，何尝不是另一种洋气

苏州新鸿基别墅G户型，设计公司：梁志天设计
造型古朴的工艺品，也能成为空间的点睛之笔

天津博轩园9E户型，设计公司：睦晨风合
对称摆放的古朴陶罐，更显空间庄重典雅

天津博轩园9E户型，设计公司：睦晨风合
陈列架上的有序摆放，成为玄关的一道风景

NS HOUSE

设计公司：GALEAZZO DESIGN

当物质生活已经富足，精神上便需要得到更多的满足。NS HOUSE虽然是一所住宅，却更像是一座艺术陈列馆，简洁的空间布局下，各个角落都以艺术品点睛陈列，造型突出，而色彩与环境保持一致，这就是高明的设计，看不到的设计，只让艺术为生活加分。

10.2 实用性饰品

10.2.1 藏书

书籍是文化气息的象征，与现代人的生活息息相关，几乎每个家庭，每个人都会有一定书籍的收藏，不仅满足人们的阅读需求，更凸显了高雅清新的文化艺术气氛。

客厅书柜，设计公司：Pitsou Kedem Architects
将书柜在客厅里进行开放式陈列，既实现了空间的叠加使用，又成为空间优雅的一景。

北京鲁能钓鱼台美高梅别墅，软装设计：LSDCASA
腹有诗书气自华，家有诗书多偶雅。

书房，设计师：Richard Landry
一个设计出彩的书房能让藏书得到更好的展示。

10.2.2 蜡烛与烛台

在满足对怀旧、浪漫、时尚的追求时，现在越来越多的人喜欢用蜡烛和烛台来装点家，烘托情调。蜡烛和烛台是最丰俭由人的家具饰品，可以为室内环境增添色彩。

随着电气化的普及，蜡烛和烛台已经成为一种对怀旧格调的追忆和点缀。

济南铂宫央墅样板房，设计师：谭精忠

成都凤凰城，设计公司：重庆尚辰设计

10.2.3 实用性器皿

实用性器皿是为生活而创造的艺术，它们不仅美化生活、充实生活、发展生活、创造生活，生活更是它们的本质。生活之美是实用性器皿的主旋律，实用与审美的统一是它们的基本功能。

深圳湾一号，设计公司：梁志天设计
餐桌上杯盘碗盖的摆放都与对应的餐桌礼仪相匹配。

高端别墅，设计公司：邱德光设计
素雅明亮的空间设计，所选的餐盘杯碟也与整体空间相协调。

10.2.4 茶席与茶具

茶道是一种以茶为媒的生活礼仪，是一种修身养性的方式，通过沏茶、赏茶、饮茶可以增进友谊。茶道与茶具无论是表现形式还是在制作工艺都是丰富多彩的，都充满了人间情调。艺术风格独特，清新优雅，装饰细腻，工艺精湛，装饰风格倾向于自然的描绘，充满浪漫主义情调。在造型上体现了古朴、洗练的原始艺术气息，强烈而奔放、鲜明而简洁。

北京鲁能钓鱼台美高梅别墅茶室，软装设计：LSDCASA

深圳中国杯帆船会所茶室，设计公司：HSD

中海地产天津八里台样板间
设计公司：HSD

诗意栖居
设计公司：品辰设计

璞舍，设计公司：派尚设计

苏州昆山别墅，设计公司：无相设计，摄影：张静

样板房，软装设计：LSDCASA

10.2.5 镜子与玻璃

镜子不仅可以用来装点自己，还可以为室内空间环境氛围进行美化，是居室中司空见惯的日常生活用品和装饰品。如设置于梳妆台上的梳妆台镜、挂在门厅处的穿衣镜等。它们不但具有实用性价值，不同的材质、不同的风格的外框还具有一定的艺术性。

玻璃做成小件再组合，可以呈现出丰富的样貌。

璞树文旅酒店，设计公司：周易设计工作室

玻璃装在天花板上可以制造别具一格的视角

万科云间传奇售楼部卫生间
镜子的功能除了可以正衣冠，也可以增加空间在视觉上的纵
深，本身也是出彩的装饰品

卫生间的镜子，设计公司：Landry Design Group
整面墙身的镜子反射出空间的格局，扩大空间，镜前的镜
子可以理妆正容，镜框本身也有很强的装饰性

设计公司：SHH建筑师事务所
镜子的适用性很强，可适用的空间和区域非常多

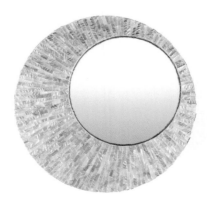

10.3 艺术品

艺术品就是艺术家通过审美创作活动产生的产品，是艺术家知觉、情趣、理想、意念等综合心理活动的有机活动的有机产物，包含了艺术家对事物的认识和独特的见解。艺术品有一个最显著的特征就是要具有一定的观赏价值，人们在欣赏的过程中会感受到美感，能产生联想，如果一件作品不能给人带来这样的感受它是不具备观赏价值的，也就不能称为艺术品。艺术品具有一定的历史价值、收藏价值和经济价值。

10.3.1 中国画

中国画是我国特有的一种绘画方式，历史悠久，形式独特，注重神韵，自身具有相当高的艺术价值，作为陈设品的一种，在中国传统室内装饰中起到很好的衬托作用。

北京鲁能钓鱼台美高梅别墅书房，软装设计：LSDCASA
大板实木长桌，传统的中式空间，适合品画、书法、读书等修身养性之举。

项目名称：益田集团别墅260户型
设计公司：戴维斯室内装饰设计（深圳）有限公司

南宋，马麟《梅竹图》

南宋，马麟《梅竹图》

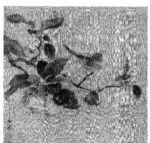

宋，林椿《果熟来禽》

郎世宁《马》

北宋，王希孟《千里江山》

10.3.2 书法

书法是一门古老而富有生命力的艺术,是中华民族的文化瑰宝,在世界文化艺术宝库中独放异彩。

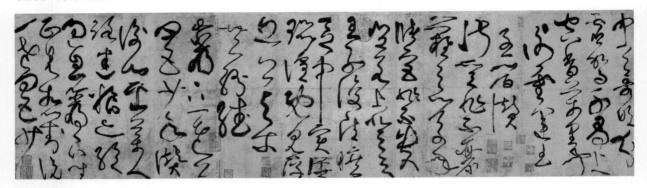

| 张旭书法

10.3.3 油画

油画是用透明的植物油调和颜料,在特制的画布、画纸等材料上进行绘画创作。随着人们生活品位的提高,室内环境的不断改善,越来越多的人选用油画作装饰,以显示格调与品位。

饰品陈设范围很广,种类繁多,大致可以分为三种类型:一类为纯观赏为主的装饰性陈设品;另一类以实用为主实用性陈设品,在室内环境中也能起到一定陈设作用;第三类是艺术家经过审美创作的艺术品陈设。饰品陈设在室内空间环境中主要强调的是空间艺术氛围,增强视觉效果,更能体现主人的品位,是营造家居氛围的点睛之笔。它的最大功效是增进生活环境的性格品质和艺术品位。也就是说,只有将饰品陈设的价值与其他陈设艺术品之间的协调搭配,才能演绎出超越自身的价值。

| 城市游园,设计公司:诺禾空间设计

| 城市游园,设计公司:诺禾空间设计

| 塞尚

| 莫奈

| 梵高

10.3.4 饰画

抽象画是艺术家抽出所表现物象的具体形象、色彩和质感后，根据自己的思维方式和符号语言创作出来的绘画作品。抽象画具有很强的装饰性，尤其是在现代感的空间环境中能起到画龙点睛的作用，它能很好地与现代感的装饰风格相融合，互相映衬，凸显艺术氛围。

城市山谷别墅，设计公司：共生形态，
设计师：彭征

广西南宁大唐世家营销中心

琪舍，设计公司：派尚设计

旭辉西郊别墅，软装设计：LSDCASA

华润公园九里，软装设计：LSDCASA

项目名称：镇江北固湾，
设计公司：尚壹扬设计

中国深圳福田香格里拉酒店，设计公司：新冬设计

绿色装饰

沿海地产赛洛城样板间，设计公司：重庆品辰设计

10.3.5 雕塑

雕塑家以物质实体性的形体塑造可视且可触的立体艺术形象，借以反映社会生活、时代精神，表达创作主体的审美感受和审美理想。

玄关小景

沿海地产赛洛城样板间，设计公司：重庆品辰设计

270

富邦天母样板房，设计公司：动象设计

璞圆杨升博爱，设计公司：动象设计

荣禾·曲池东岸，设计公司：SCD

融侨新城泷郡，设计公司：上合设计

桃李春风样板间，设计公司：紫香舸

正觉国际展厅，设计师：孟可欣

中国北京中粮瑞府400户型

设计公司：LSDCASA

设计师：周微、刘德永、
葛亚曦

面积：970 ㎡

本案软装设计的核心思想在于复兴生活美学。设计师试图通过独立记忆和体验创建一个经验的世界。在这里得到的不再只是一件物件，它可能是生命里某一次难忘的奇遇，一次感动，对一个地方的记忆，或者一次心动，一次感悟。设计师相信平凡的生活，或物件背后，总有一些思考，一些故事，安静朴素，却因刻着时间、空间的痕迹而感动世界。

本案中粮瑞府位于朝阳区孙河，所处位置临近市区的运河水系，可感受自然条件十分优渥的千里水岸。其次，建筑设计以"府"与"园"的概念进行打造。府，即中国传统的府邸；园，指传统林园。设计师以现代的手法来诠释中国传统建筑的内核。

在软装设计上化繁为简、吐故纳新是该居所的创作内核。在保留传统中式风格含蓄秀美的设计精髓之外，将中式设计与当下居住理念、新技术等糅合，抛去繁冗，极简示人，表达人的精神诉求，呈现简约秀逸的空间，使环境和心灵都达到灵与静的唯美境界，进发出更多可能性的联想。设计作品所承载的，是设计师对生活的咏叹、对文化的思考、对物外的精神追求。诉求的不是简单直白的陈述而是诗意空间的表达，对故事不是场景的模仿回放而是意境的再现。艺术与文化，结合当代国际元素，达成内在与外部的双重统一，以"象外之意，景外之象""韵外之致，味外之旨"诠释空间的文化精神。

玄关

这里玄关特指居所的外门，是进出房屋的必经之地。步入庭院，荷花盛开，"浮香绕曲岸"。轻推半遮半掩的大门，即见玄关处悠远舒朗的挂画。古朴怀旧的古董玄关桌，桌上饰品严谨摆放，这是对传统东方生活的追溯与守望，为空间塑造出礼仪层次，让这里成为有故事可讲、有心境可寻的居所。

清代红木官秤：与普通民秤不同，秤杆上有两种不同刻度的秤花，秤长约2米，质地坚硬，透红发亮，秤杆上刻有"乙丑年"字样；大秤头部用铜皮包裹，秤星用银镶嵌而成，其镶嵌的"梅花鹿""飞凤鸟"图形仍清晰可辨。

古董门梁：再造出品，设计师寻访了西安数处老宅邸，最终寻找到了这座由清初建筑横梁取下结合现代工艺打造的玄关几。岩杉雕花大梁的两端分别刻有"祝寿"及三贤人物木雕。木雕中，既有栩栩如生的人物，也有惟妙惟肖的寿桃、芦笙、莲花、松树等吉祥图案。

客厅

在房屋建筑围合式的形制中，潜移默化装载着中国人的思想观念和审美情趣，这种内向封闭而又温馨舒适的院落空间，曾滋养和培育了一代代中国人的性情与性格，以致成为最为普遍的传统生活方式。其几乎映照着家居生活的全部，隐藏在建筑形式后面的是人文精神。

客厅即延续了此传统围合式的方式进行布局。一袭彩云飞天大理石立于墙面中央，纹饰如佛教里佛祖的双手合十，呈现祥和气息。现代沉稳色调的沙发、贵气逼人的豹纹扶手椅交椅、火烧石桌对几巧妙并置融合，穿插有力量感的美国进口品牌DENMAN DESIGN纯铜边几和灯具，在比例、情绪和故事间平衡出了无限的舒适，链接起了空间的艺术性，将新中式的秀逸、力量与意趣呈现出来，以更加现代、轻盈的形态出现在世人面前。

火烧石桌对几：再造出品，火烧石作为一种非常高档的石材，有纹理天然、质地坚硬、耐高温、易打理，与金属搭配给人现代、华贵的感觉。

餐厅

设计选择"人文雅致"的路线，虚拟目标人物形象如梁漱溟、茅于轼等人，让这些人的精神和气质来影响设计师的选择和判断，以此在空间中体现人文的风骨。通过与艺术和人文通话，来体现知识分子的情节和文人的雅致。餐厅强调用餐的秩序和礼仪，热忱迷人的朱砂红餐椅由设计师原创，铜色高级定制灯饰时尚瑰丽，水墨画质感清新，呈现艺术与生活的有机融合。

花艺：餐桌的花艺灵感来自富春山居的意境，即从餐桌画轴的山水延伸开来。花艺高处的龙爪树树干像龙爪，以及花瓶里的金橘色圣果和桌面燃烧的蜡烛寓意凤凰浴火重生。

餐桌：再造出品，纯铜打造，重达700多公斤。

餐具：来自新锐设计师冉翔飞专属设计的作品，独一无二，特殊的陶瓷打破了传统的整齐边的概念，好像被打开的鸡蛋壳，而餐盘为纯手工打造。

负一层走廊

采用中式对称陈列，以此塑造一处休憩小景。干枝装置为设计原创，设计保留材质的个性，刻意记录其完整的疤痕和装饰，在此基础混合创造一个独特的艺术作品。

雪茄房

雪茄房强调舒适，自由交流，亦是男主人安放一切纷扰的宁谧之地。设计以沉稳的咖啡色为主色调，来自世界各地的顶级家具在这里搭配融合，独具风格。而有未来感和自然属性的墙纸，搭配包容性强，有宣纸气质的墙纸，对话中国古典情怀的现代风格，

让空间的气质，面对了未来，直面艺术。

单人沙发：Rochebobois，源自巴黎，作为全球最有影响力的高端家居品牌。跨越三个世纪，所有家具纯欧洲制造，为全球显赫峰层之选，谱写了穿越古典与现代的传奇。

茶几：意大利的国宝级家具品牌Cassina，打破了传统玻璃的传统。泛黄的古董书简点缀其中，散发文气气质。

负二层家庭活动室

家庭活动室兼具家庭交流互动与藏书的功能。书香门第里的豪门深闺一般，自古浩海书海，爱看书亦品书，这里打造的不仅仅是一个家族聚会的场合，更应当是一个使用者可以尽情取阅的私人图书室。手捧一本书，转身即入戏。

背景墙：以Taschen摄影画册、ANNIE、LEIBOVITZ、(Patti Smith Cover)安藤忠雄限量版设计手册作为墙面背景。

单人沙发：设计融入生活的艺术，回归本土文化重新审视当下，将精致的材料、人体工学的舒适以及卓越的手工艺与东方智慧创新结合，给喧嚣繁杂的都市生活一份内心的从容与宁静。

女主卧

与男主卧的设计所不同的是，女主卧的设计更加迎合了女性的生活习惯。一入门即是洗浴空间，忙碌了一天，轻松而舒适的洗漱带来舒畅的心情。

男主卧

以内敛的灰色和咖色为主色调，设计师原创床榻、床头柜与电视柜、纯铜窗花、国宝级织锦与知名艺术家陈耀光先生的挂画，巧

妙地构建了一个舒适空间，简洁有力的设计语言，将东方的智慧与态度无限放大。

挂画，《尘与雪》，自然摄影师格雷戈里·考伯尔，13年时间，27次长途旅行走遍世界，拍下人、野生动物和大自然微妙关系结集而成《尘与雪》。他的镜头充满诗意和灵气，捕捉到的影像纯净无暇，没有恐惧和危险，有的只是在人和野生动物之间的爱和信赖。画面没有任何语言的述说，但是肢体的语言诉说了一切。

中央庭院

中央庭院追求素雅自然之美，户外家具的选择上，强调自然材料的运用以及精致的细节把握，以生活为内容，旨在给人"花怡境幽，禅意自得"的生活情境，从而提升空间的品质。

10.4 居室空间饰品选择与布置

（1）客厅饰品

客厅是人们活动最为频繁的活动空间，它具有家庭聚会、娱乐、交流、进餐等功能为一体的区域，是居室空间的动态空间，也是中心地带。客厅的软装饰品陈设最能体现一个主人的品位，彰显其独特个性，通过饰品的摆放来调剂空间情趣。一般适合选择摆放坐垫、字画、布艺、摆件等。

①新中式风格客厅的饰品选择

现代都市生活的繁忙让人们都想在自己居室中找到宁静的感受却又不失个人的修养与品位。通过将现代元素和传统中式元素相融合，以禅味来贯穿整个空间的神韵。设计师通过选取简单的家具，一些精致小品来装点空间，如烛台、铜像、陶瓷、挂画等。

高端住宅，设计公司：品伊设计
富有韵律的木饰，繁如星河的天顶装饰，与简约飘逸的背景墙，构成了一个时尚大气的雅仕空间。

②现代风格客厅的饰品选择

现代风格是当代年轻人追捧的风格之一，简单的时尚元素来彰显自己的个性，细节的刻画来体现整体空间的韵味，在这样的空间当中，无需过多的饰品装点。饰品一般选择金属、玻璃等材料。

北京公寓，设计公司：Dariel Studio
现代风格，简、净、酷、明丽的色彩，时尚而充满活力。

③新古典主义风格客厅的饰品选择

对于新古典主义风格，饰品的选择一般要与空间风格相统一来决定，符合古典风范与个人的独特风格和现代精神结合起来，使古典家具呈现出多姿多彩的面貌，意大利新古典主义风格激情浪漫、西班牙新古典主义风格摩登豪华、美式新古典主义风格自由粗犷，所以选择饰品要从简单到复杂，从整体看局部的原则来选配。

荣禾·曲池东岸二期4号楼D户型，设计公司：SCD
新古典的风貌不需过于繁琐的装饰，简约而时尚，更符合年轻一代的审美。

（2）餐厅饰品

居室空间风格决定着餐厅饰品选择的方向，设计师通过对餐桌礼仪的了解来摆设餐具，通过对配饰的选配来表达所要追求的各种情感。餐厅工艺品主要包括：花衣、水晶烛台、桌旗、餐巾环等，这些饰品使用餐环境变得更为精致与生动。

样板房，设计公司：HSD
阿拉伯风情融入到中式的规整对称秩序中，既有异域之美，又不失中式之规。

西安样板房，设计师：谭精忠
餐桌上的假山小品，让人品读苏州园林的雅致。

（3）卧室饰品

卧室是属于居室空间中的休息区域，因此建议在此空间不宜放过多的饰品，一般通过软性材料的抱枕来创造舒适空间，其次还可在床头柜上摆放主人的照片，以及根据风格来选定不同的相框与台灯的款式。一般在梳妆台上还可以摆放些精致的小品，如首饰盒、工艺品等，若卧室中摆放电视柜的话，还可以在电视柜上摆放些饰品，如陶罐、烛台等。

南京紫金观邸法式样板房，设计公司：伊派设计
法式空间的轻奢设计，让明媚喜悦绽放在每一个满足的早晨

深圳华晖·云门4-E户型，设计公司：孟伟设计
功能为先，少而精的装饰，沉稳的色调，层层叠叠的床品，只为营造宁静空间

方圆湛江云山诗意C1户型示范单位，设计公司：深圳市陈列宝室内建筑师有限公司
卧室背景墙上的中式镶铜锁片装饰营造出淡淡的中式传统氛围

荣禾·曲池东岸二期4号楼D户型，设计公司：SCD
古典的梅花、油画的质感、时尚的中国风更符合当代的审美。

海洋主题的卧室，设计公司：十上设计
看过《加勒比海盗》电影的人都会对这个空间发出会心的微笑，蔚蓝的海洋空间为梦想护航。

绿城·桃李春风样板房
E1户型

设计公司：紫香舸

摄影师：啊光

一直以来，东方风情尤其是中式风格总是给人神秘而奇妙的印象，所以常常成为设计师们的创作灵感。如伦敦时尚学院讲师Sarah Cheang所说："中国风是人们对中国这个梦幻国度的奇妙臆想，中国的一切都是奇特、奢华而又令人震撼的。"而法国作为一个时尚与传统并存，奢华与低调相融合的奇妙国度，其装饰风格则充满了浪漫与精致、感性与华丽。

在本案的设计中，设计师有意将上述两种不同的装饰风格完美地融合在一起，在坚持法式设计的浪漫奢华之风的同时，又传递出中式优雅端庄的气韵，仿若一件写满故事的典藏臻品，让人爱不释手。空间形制恪守古典风格的威仪，端庄对称的规律，于细节处采用轻盈优雅、绵绵不绝的卷曲形成鲜明的对比之余又互相协调、融合，孕育出风格独特的宅居空间。而在色调的处理上，设计巧妙采用黑色搭配金色建构起整个空间的主色调，经典与摩登感顿时跃然纸上，营造出宫廷般的豪华效果。

进入客厅，这里是精致奢华的渊薮。经过改良的中式太师椅，造型简单的现代舒适沙发，轻法式风格的桌几、中式风格改良木

柜、缱绻花卉图案地毯、金丝鸟笼、油画、瓷器与金塔等各种不同风格、设计感极强、可称为艺术品的装饰元素都完满和谐地在同一空间绚烂绽放，毫无矫揉造作之感。细看之下，它们每一件都有引人入胜的精彩之处，它们都钟情于经典"金"的精致质感，主张不浮夸、不炫耀的低调时尚，与黑色、白色搭配十分出色。如在黑色椅腿上镶上金色的装饰，锋芒毕露，精致个性。而在白色台面的桌几上，或印上金色的图案，贵气灵动；或作为几脚边框，经典优雅，不落窠臼。餐厅连接着客厅，采用开放式设计，延续客厅的风格，同时选用更为简单的线条，与整体设计协调、美观。

主卧室呈现了最舒适的状态。古朴的花窗，色泽稳重典雅，给人一种宁静淡泊的美感。透过窗棂，户外景色郁郁葱葱，别有一番滋味。而室内，设计师仍旧采用黑色、金色作为空间主色调，又有各种印花图案遍布其中，散发出浓烈的端庄意味与富丽浪漫的风情。

总之，在本案空间里，不论是视觉强烈的色彩，还是不同文化、不同风格的精致陈设与图案，抑或是或直或曲的线条，它们不仅各有特色，处处吸引着我们的视线，更像被附了魔力，完美地融合在同一空间里，没有跳脱，不显突兀，共同传达出一种隐性的内涵，一种低调的华丽。

图书在版编目（CIP）数据

软装实战指南 / 吴宗敏 著 . --2 版（修订本）. – 武汉：华中科技大学出版社，2017.7
ISBN 978-7-5680-2569-0

Ⅰ . ①软… Ⅱ . ①吴… Ⅲ . ①住宅 – 室内装饰设计 Ⅳ . ① TU241.02

中国版本图书馆 CIP 数据核字（2017）第 034010 号

软装实战指南（第二版）
Ruanzhuang Shizhan Zhinan（Di-er Ban）

吴宗敏 著

出版发行：华中科技大学出版社（中国·武汉）	电话：（027）81321913
武汉市东湖新技术开发区华工科技园	邮编：430223

责任编辑：熊纯	责任监印：朱玢
责任校对：冼沐轩	装帧设计：筑美文化

印　　刷：中华商务联合印刷（广东）有限公司
开　　本：965 mm × 1270 mm　1/16
印　　张：18
字　　数：144 千字
版　　次：2017 年 7 月第 2 版 第 1 次印刷
定　　价：88.00 元（USD 17.99）

投稿热线：13710226636　　duanyy@hustp.com
本书若有印装质量问题，请向出版社营销中心调换
全国免费服务热线：400-6679-118 竭诚为您服务